绒山羊

繁育生产技术研究与应用

◎ 刘 斌 何云梅 高凤芹 著

中国农业科学技术出版社

图书在版编目（CIP）数据

绒山羊繁育生产技术研究与应用／刘斌，何云梅，高凤芹著．—北京：中国农业科学技术出版社，2017.12

ISBN 978-7-5116-3428-3

Ⅰ.①绒…　Ⅱ.①刘…②何…③高…　Ⅲ.①山羊–毛用羊–繁育–研究　Ⅳ.①S827.3

中国版本图书馆 CIP 数据核字（2017）第 321078 号

责任编辑	闫庆键　陶　莲
责任校对	马广洋

出 版 者	中国农业科学技术出版社
	北京市中关村南大街 12 号　邮编：100081
电　　话	（010）82109705（编辑室）　（010）82109704（发行部）
	（010）82109709（读者服务部）
传　　真	（010）82106625
网　　址	http://www.castp.cm
经 销 者	各地新华书店
印 刷 者	北京建宏印刷有限公司
开　　本	710mm×1 000mm　1/16
印　　张	8
字　　数	135 千字
版　　次	2017 年 12 月第 1 版　2018 年 8 月第 2 次印刷
定　　价	32.00 元

《绒山羊繁育生产技术研究与应用》

著 委 会

　　由内蒙古农牧业创新基金项目"超细绒山羊主要产绒性状基因组关联分析（2017CXJJM03-3）"、国家公益性行业（农业）科研专项"西北地区荒漠草原绒山羊高效生态养殖技术研究与示范（201303059）"、国家自然科学基金地区项目"光控增绒技术影响绒山羊长绒相关 miRNA 调控机制研究（31760653）"、内蒙古农牧业创新基金项目"超细绒山羊选育技术研究（2017CXJJM03-1）"、内蒙古自治区科技创新引导奖励资金项目"优质绒山羊关键繁育技术研究与应用（KCBJ2018060）"、内蒙古自治区第八批"草原英才"工程项目"内蒙古绒山羊种业创业人才团队"、中蒙国际合作专项"蒙古高原绒山羊高效生态养殖技术模式研究与应用（2014DFA30530）"及内蒙古自治区重大科技专项"超级绒山羊品种（系）培育及产业化示范"联合资助。

前　言

绒山羊是我国最具特色并具有自主供种能力的草食家畜品种。截至 2017 年，全国绒山羊存栏达到 6 000 多万只，其中内蒙古自治区的绒山羊存栏 1 553 万只、陕西省陕北地区存栏 800 多万只。在荒漠草原牧区和黄土高原农区，绒山羊产业一直是提高农牧区社会经济水平和农牧民收入的支柱产业，在维护边疆少数民族地区稳定、革命老区经济可持续发展和北方生态屏障建设方面具有不可替代的重要作用。近年来，针对我国西北地区荒漠草原绒山羊养殖效率较低、育种生产技术水平相对落后、羊绒优质不优价等生产问题，把内蒙古自治区创新基金项目"超细绒山羊主要产绒性状基因组关联分析""超细绒山羊选育技术研究"、国家公益性行业专项"西北地区荒漠草原绒山羊高效生态养殖技术研究与示范"等项目捆绑实施，在内蒙古自治区、陕西、新疆维吾尔自治区、甘肃等绒山羊主产区开展了绒山羊增绒、超细/高繁型绒山羊 MOET 育种计划集成、陕北绒山羊饲养标准及日粮配制、羊绒分级整理/质量控制、绒山羊疫病综合净化防控等生产中实用的共性关键技术的研发，有效提升了绒山羊产业科技水平（见下页图）。

掌握科学的繁育生产技术和饲养管理方法，对于绒山羊高效益生产具有决定性意义。为了推动荒漠草原绒山羊产业健康持续发展，推广先进适用的绒山羊繁育生产技术，提升基层技术推广人员科技服务能力和养殖者劳动技能，项目组编写了《绒山羊繁育生产技术研究与应用》一书。此书将随着技术成果的推广应用而走进绒山羊主产区千家万户，成为农牧民有力的助手。

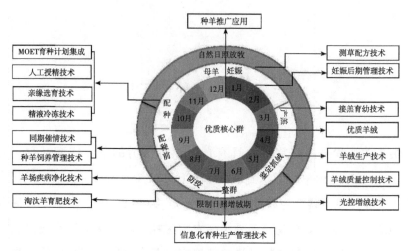

图　绒山羊繁育及生产技术集成研究与应用

　　本书在编写过程中，力求贴近畜牧业生产实际，图文并茂、通俗易懂、可操作性强，注重针对性、实用性和指导性。但在实践操作中，书中错误和疏漏在所难免，恳请农牧民、科技人员及专家学者提出批评意见和建议，以便在将来进一步完善，使其更具科学性，更有生命力。本书编著成册，有很多项目基地负责人、业务部门技术人员提供了必要的帮助和支持，对此我们表示诚挚的感谢！

著　者

2017 年 12 月

目　　录

第一章 种业先行，助推绒山羊产业转型升级

中国绒山羊广泛分布在华北、西北草原牧业具有优势的十余个省区。在整体种群中存在着体型外貌、生产性能等方面的明显差异，即在原始状态下不同品种间存在遗传多样性。总体说，即存在着高产绒量、体格较大、繁殖率高、羊绒较粗和体格较小、绒质纤细、手感柔软、产绒量较低的两种类型。因此，我国绒山羊品种生产性能差异性大，挖掘优质绒山羊绒肉资源潜力较大。在内蒙古自治区（全书简称内蒙古）、西藏自治区（全书简称西藏）、新疆维吾尔族自治区（全书简称新疆）、陕西等主产区，少部分优质绒山羊羊绒细度在 14.50μm 以下，要重点培育超细绒山羊新品种（系），开发高端羊绒产品，引领绒山羊产业向高端、精品发展。由于独特的自然环境和资源条件，以及内蒙古阿拉善绒山羊保种工作的突出成效，阿拉善盟绒山羊超细型比例大，且超细绒山羊存在超长和普通长度资源基础。2016 年阿拉善盟总共普查鉴定 121 468 只绒山羊。平均细度为 14.96μm，小于 14.50μm 的绒山羊占全盟的 35.40%，小于 14.00μm 的绒山羊占全盟的 18.53%（表 1-1）。

表 1-1 2016 年阿拉善盟绒山羊普查鉴定结果

地名	数/只	绒细度/μm	<14.50μm		<14.00μm	
			数/只	比例（%）	数/只	比例（%）
阿拉善左旗	82 049	14.87	29 994	36.56	15 018	18.30
阿拉善右旗	26 812	14.79	10 247	38.22	6 151	22.94
额济纳旗	12 607	15.23	2 758	21.88	1 339	10.62
合计	121 468	14.96	42 999	35.40	22 508	18.53

同时在阿拉善右旗刘维柱家庭牧场，共鉴定 128 只，其中 32 只平均细度

在 13.99μm 以下，伸直长度达到 7.97cm，与其他基地相同细度的羊相比，长度差异显著（*P*<0.05）；在阿拉善盟额济纳旗嘎日勒图家庭牧场鉴定的 58 只绒山羊平均细度 13.66μm，平均伸直长度 6.37cm。其中 12~13μm 的 7 只，占 12.07%。13~13.99μm 的 36 只，占 62.07%。14~14.84μm 的 14 只，占 24.14%。16.02μm 的 1 只，占 1.72%。该群羊细度性状突出（表 1-2，图 1-1）。

表 1-2　2015 年普查鉴定部分情况

牧户	数量（只）	年龄	绒长度（cm）	绒细度（μm）	绒厚度（cm）
阿拉善右旗刘维柱	128	2	8.19±1.10	15.09±0.87	5.76±0.84
	32	2	7.97±0.88[a]	13.99±0.42	5.50±0.67
阿拉善额济纳旗嘎日勒图	58	1~2	6.37±1.42[b]	13.66±0.65	4.25±0.79

图 1-1　超细超长型绒山羊

同时在内蒙古赤峰市、通辽市、鄂尔多斯市、辽宁省、陕西省等绒山羊主要产区，一部分绒山羊种群还具有个体大（体重 50kg 以上）、适应性强、遗传稳定，产绒量高（1 000g 以上）、繁殖率高（140%~160%）及肉质优良的特征（图 1-2），对于这部分资源要进一步开展高繁高产绒山羊品种（系）培育及优质绒肉产品开发研究。

《内蒙古自治区人民政府关于振兴羊绒产业的意见》（内政发［2013］74 号）、阿拉善行政公署《关于推进白绒山羊发展的实施意见》（阿行署 62 号），为内蒙古自治区优质绒山羊资源保护及品种培育奠定了基础。因此，振兴内蒙古羊绒产业，要充分认识我们现有的绒山羊资源基础，对不同类型的绒山羊要制定分类技术指导方案和扶持政策，采取高起点、高水平、高技

图 1-2　体大、产绒量高、繁殖率高绒山羊

术的机制，开展超细超长、高繁高产绒山羊的选育提高以及高端绒肉产品的开发，提升绒山羊产业的核心竞争力，实现绒山羊产业的转型升级。

第一节　挖掘优质绒山羊资源，组建绒山羊育种核心群

绒山羊是我国最具有特色的动物资源，而且是唯一具有自主供种能力的草食家畜品种，其产品多样，山羊绒在动物产品中占有重要的地位，尤其内蒙古白绒山羊羊绒是集细、白、滑、软于一体的高级纺织原料，被誉为"纤维宝石"。山羊绒的生产国主要有中国、伊朗、蒙古、俄罗斯、阿富汗和印度。据 FAO（Food and Agriculture Organization）统计数据，2013 年全世界山羊的存栏数量约为 10.0 亿只，中国占世界存栏量的 13.9%，居世界第二，全世界山羊绒产量约为 2.6 万 t，中国占世界山羊绒产量的 70% 左右。2016 年中国山羊绒产量 19 216 t、山羊 13 977 万只，见表 1-3。内蒙古白绒山羊被毛分为两层，内层为细而且密无髓的绒组成，其绒品质优良，纤维细长、韧性强是珍贵的纺织原料，其织品保暖性强、质感柔软、轻薄、手感好，备受人们的喜爱。外层是长而且粗有髓的毛组成，绒山羊的产肉性能也很好，其肉质胆固醇含量较低，其味鲜美可口。在荒漠草原牧区，绒山羊产业一直是提高农牧区社会经济水平的支柱产业，在维护边疆少数民族地区稳定发展和北方生态屏障建设方面具有不可替代的重要作用。

表 1-3　2000—2016 年全国山羊绒产量及山羊存栏数量

时间	羊绒产量（t）	山羊只数（万只）
2000	11 057	15 716

（续表）

时间	羊绒产量（t）	山羊只数（万只）
2001	10 968	16 129
2002	11 765	17 276
2003	13 528	18 321
2004	14 515	19 551
2005	15 435	19 876
2006	16 395	19 700
2007	18 483	14 337
2008	17 184	15 229
2009	16 964	15 050
2010	18 519	14 204
2011	17 989	14 274
2012	18 021	14 136
2013	18 114	14 035
2014	19 278	14 466
2015	19 247	14 893
2016	19 216	13 977

一、优良绒山羊品种简介

（一）内蒙古白绒山羊

内蒙古白绒山羊是由蒙古山羊经过长期本品种选育而形成的绒肉兼用型地方良种，产于内蒙古自治区，可分为阿尔巴斯、二狼山和阿拉善白绒山羊3个类型。1988年4月，经自治区人民政府验收命名为"内蒙古白绒山羊"新品种，数量约400万只。其主要特点是羊绒细、纤维长、光泽好、强度大、白度高、绒毛手感柔软；综合品质优良，在国际上居领先地位，是绒肉兼用型品种。主产于鄂尔多斯市鄂托克旗、鄂托克前旗、杭锦旗、准格尔旗、达拉特旗、巴盟乌拉特中旗、后旗、前旗、磴口县、阿盟阿左旗、右旗和额济纳旗等地区。

外貌特征：全身绒毛洁白，光泽良好，分内外两层，外层为长粗毛，内层为细绒。体质结实，结构匀称呈矩形，颈宽厚、胸宽而厚、背腰平直、后躯稍高、四肢端正、面部清秀、鼻梁微凹、眼大有神，两耳向两侧展开或半垂，有前额毛和下颌须。公母羊均有角，向后上、外方两侧螺旋式伸展，呈倒"八"字形。尾巴短而小，向上翘立。

1. 阿尔巴斯型白绒山羊

阿尔巴斯绒山羊产于内蒙古自治区鄂尔多斯市鄂托克旗、鄂托克前旗、杭锦旗，经过长期自然选择和人工选育而成，因终年放牧在阿尔巴斯山地草场而得名。成年公羊绒层厚度 6.5cm，产绒量 750g，抓绒后体重 45kg；成年母羊绒层厚度 5.0cm，产绒量 500g，抓绒后体重 30kg；绒毛细度平均为 14~15μm，净绒率为 65.5%，其肉质鲜美，屠宰率为 46.2%；母羊产羔率 120% 以上。阿尔巴斯绒山羊生性活泼、好斗，耐粗饲，对干旱气候具有极好的忍耐力和极强的适应性，抗病力强，易管理，繁殖性能好。

2. 阿拉善型白绒山羊

阿拉善型白绒山羊是世界上绒质最好的山羊品种之一，适应性强，遗传性能稳定。所产绒毛细长，色泽好，净绒率高，纺织性能好，是经过长期自然选育和人工本品种选育形成的地方良种，品种纯度得到保持，细度指标上在同类产品中独具优势。绒细度在 14μm 左右，成年母羊平均产绒量在 350g 以上，成年公羊平均产绒量在 400g 以上，净绒率 65% 以上。阿拉善白绒山羊主要分布在内蒙古阿拉善盟阿左旗、阿右旗、额济纳旗，在严酷的生态条件下有较强的生存力，具有耐粗饲、易抓膘、抗逆性和抗病力强等特点，非常适宜在荒漠和半荒漠地区养殖。

3. 二狼山型白绒山羊

"白雪公主"二狼山白绒山羊是在特定的区域、特定的环境下，经过长期选育绒肉兼用的优良地方品种，主要产地为阴山山脉一带。二狼山白绒山羊体格大，全身毛洁白光亮，柔软整齐。成年羊平均产绒量为 400g，最高可达 750g，羊绒细度在 15μm 左右，长度在 4.0~5.0cm，拉力大，净绒率55% 以上。所产羊绒具有轻、暖、软等特点，是毛纺工业的上等原料，在国际市场上享有较高声誉，也是巴盟打入国内外市场的拳头产品。二狼山白绒山羊肉质细嫩，脂肪分布均匀，无膻味，品质良好，净肉率为35%~40%。

（二）罕山白绒山羊

罕山白绒山羊分布于赤峰市、通辽市扎鲁特旗、霍林郭勒市和库伦旗等，

1995 年 9 月自治区人民政府验收命名为"罕山白绒山羊"新品种，数量约 120 万只。成年公羊平均产绒量 708g，绒厚 5.54cm，母羊产绒 487g，绒厚 4.73cm，抓绒后体重公羊 47.25kg，母羊 32.38kg，净绒率为 73.71%，羊绒细度 14.72μm，屠宰率 46.46%，产羔率 109%~119%。

罕山白绒山羊是在地方良种选育的基础上，导入辽宁绒山羊血液而育成的绒肉兼用型品种，1995 年 9 月经内蒙古自治区人民政府验收命名为"罕山白绒山羊"新品种，目前存栏 200 余万只。其主要品种特征是绒肉生产性能良好，有较好的耐寒耐粗饲能力。

外貌特征：体格较大，体质结实，结构匀称，背腰平直，后躯稍高，体长略大于体高；面部清秀，眼大有神，两耳向两侧伸展或半垂，额前有一束长毛，有下颌须；四肢强健，蹄质坚实，蹄甲有长毛覆盖；公羊有扁螺旋形大角，向后、向外和向上方扭曲伸展，母羊角细长；全身绒毛纯白，分内外两层，外层为长粗毛，光泽良好，内层为细绒毛。

生产性能：罕山白绒山羊性成熟较早，公羔一般 5~6 月龄开始有性行为，母羊 1.5 岁开始配种。产羔率一般为 110%，高的可达 120%。罕山白绒山羊成年公羊平均产绒量 708g，绒厚 5.54cm，成年母羊平均产绒量 487g，绒厚 4.73cm，抓绒后体重公羊 47.25kg，母羊 32.38kg。育成公羊抓绒后体重 30kg，绒厚度 4cm，产绒量 400g；育成母羊抓绒后体重 25kg，绒厚度 4cm，产绒量 350g。羊绒细度为 13~15.5μm，净绒率为 65%，羊绒综合品质居国内领先水平。屠宰率 46.46%。

（三）乌珠穆沁白绒山羊

乌珠穆沁白绒山羊主要分布于内蒙古自治区锡林郭勒盟东乌珠穆沁旗、西乌珠穆沁旗、锡林浩特市和阿巴嘎旗。属于典型的草原型绒肉山羊，是长期经本品种选育而形成的品种，1994 年 7 月，经自治区人民政府验收命名为"乌珠穆沁白绒山羊"新品种，数量达 85.8 万只。其主要特点是体大、抗逆性强、早期生长发育快、抓膘能力强；肉质细嫩，瘦肉比例高，无膻味。

外貌特征：乌珠穆沁白山羊体格大，体质结实，结构匀称，胸宽而深，背腰平直，后躯稍高。面部清秀，鼻梁平直，眼大有神，耳向两侧伸展或半垂，有前额毛和下颌须。公、母羊大部分有角，公羊角粗长，呈扁形向上向后外侧伸展，母羊角细小。四肢端正，蹄质结实，尾短小，向上翘立。被毛纯白，分长毛和短毛两种类型。长毛型被毛分内外两层，外层为粗毛，内层为绒毛；短毛型体躯主要部位粗毛与绒毛几乎等长。

生产性能：乌珠穆沁白绒山羊春季抓绒后，成年公、母羊平均体重分别为 47.6kg 和 34.5kg；成年公羊产绒量 410.9g，绒长 4.1cm，绒细度 15.85μm；成年母羊产绒量 392g，绒长 4cm，绒细度 15.91μm。成年公羊净绒率为 62.2%，母羊净绒率为 61.87%，屠宰率 55% 以上，产羔率 114.8%。性成熟早，6 月龄即可配种受胎。配种季节在 10—11 月。经产母羊产羔率为 115%，双羔率为 20%。

（四）新疆绒山羊

新疆绒山羊在新疆全区均有分布，以南疆的喀什、和田及塔里木河流域；北疆的阿勒泰、昌吉和哈密地区的荒漠草原及干旱贫瘠的山地分布较多。具有耐粗饲，攀登能力、抗病力强，生长快，繁殖力高和产奶好的特性。

外貌特征：新疆绒山羊头大小适中，耳小半下垂，鼻梁平直或下凹，公、母羊多数有角，角型呈半圆形弯曲或向后方直立，角尖端微向后弯，两角基间簇生毛绺下垂于额部，颌下有髯。背平直，前躯比后躯发育好。大多数挤奶的母山羊乳房发育较好，泌乳量也高，尾小而上翘。被毛以白色为主，次为黑色、灰色、褐色及花色。

生产性能：周岁公羊体重平均 26.5kg，母羊平均 23.2kg；成年公羊体重平均 50.2kg，母羊平均 32.7kg；产绒量成年公羊平均 310g，母羊平均产绒 178.7g；绒纤维自然长度平均 4.0～4.4cm；绒纤维细度平均 13.8～14.4μm；净绒率 75% 以上；产肉性能成年羯羊宰前体重平均 36.62kg，胴体平均 14.66kg，屠宰率 40.03%；繁殖性能公、母羊 4～6 月龄性成熟，初配年龄 1.5 周岁，配种集中在 9—11 月，产羔率 106.5%～138.6%。

（五）陕北白绒山羊

陕北白绒山羊是以辽宁绒山羊为父本，陕北黑山羊为母本，经过 20 多年改良、培育形成的以产绒为主，绒肉兼用山羊。2003 年正式命名为山羊新品种。主产区为陕西榆阳区、横山县、靖边县、神木县。

外貌特征：陕北白绒山羊全身被毛白色，外层着生长而稀的发毛和两型毛，内层着生密集的绒毛，具有丝样光泽。体格中等结实紧凑。头轻小，额顶有长毛。颌下有髯，面部清秀，眼大有神；公羊头大颈粗，公母羊均有角，角型以拧角，撇角为主，公羊角粗大，呈螺旋式向上、向两侧伸展，母羊角细小，从角基开始，向上、向后、向外伸展，角体较扁。颈宽厚，颈肩结合良好。胸深背直，四肢端正，蹄质坚韧。尾瘦而短，尾尖上翘。母羊乳房发育较好，乳头大小适中。公羊腹部紧凑，睾丸发育良好。生产性能：陕北白绒山羊初生重公羔平均为 2.5kg，母羔为 2.2kg；周岁体重公羊为 26.5kg，母羊为 22kg，成年公羊体重平均为 41.2kg，母羊为 28.7kg；陕北白绒山羊单位产绒量成年公羊为 17.6g，成年母羊为 16g，自然长度 ≥5cm 且绒细度 ≤15μm 占到 81.2%，净绒率平均 60%；陕北白绒山羊 4 月龄出现初情期，7～8 月龄达到性成熟，母羊 1.5 岁、公羊 2 周岁开始配种；陕北白绒山羊肉质细嫩多汁，肌肉丰满，骨比例低，出肉率高；肉块紧凑美观，肉色微暗红色，脂肪白色呈大理石状均匀分布，具有羊肉特有的香味。1.5 周岁羯羊宰前重为 28.55kg，胴体重 11.93kg，屠宰率为 45.57%，净肉率为 31.2%。

二、超细超长型绒山羊育种核心群

近年来，内蒙古阿拉善盟、鄂尔多斯市等优势主产区地方政府按照振兴羊绒产业的部署，广泛开展绒山羊种质资源普查鉴定，进一步挖掘优质绒山羊资源。截至 2017 年 12 月，在内蒙古亿维白绒山羊有限责任公司（原内蒙古白绒山羊种羊场）、阿拉善白绒山羊种羊场、阿拉善左旗满达畜牧业技术开发有限责任公司、阿拉善右旗种羊场等企业、种羊场建立超细超长型绒山羊育种繁育基地 4 个。根据各基地育种生产实际情况，通过鉴定整群、强度选择及系统选育等措施，绒细度在 13.99μm 以下，伸直长度达 7cm 的超细超长型育种核心群达 10 个，共 3 000 多只（表 1-4）。在鄂尔多斯、赤峰、通辽、陕北榆林等优势主产区组建胎次繁殖率达到 160%，产绒量 1kg，体重 45kg 的绒山羊育种核心群达 5 000 多只。进一步完善了育种核心群生产记录及系谱档案，建立了绒山羊产绒和产羔性能数据。公共性、基础性的研究和技术集成、创新成果、应用效果显著。同时发布了超细超长型、高繁高产型绒山羊、超细超长山羊原绒和山羊绒伸直长度测定 4 项内蒙古地方标准，为内蒙古自治区绒山羊育种、羊绒生产、市场交易和质量检测提供了技术支撑（详见附录 1-4）。

表 1-4 2017 年超细超长型育种核心群基本情况

基地	核心群/群	成年母羊/只	育成母羊/只	成年公羊/只	育成公羊/只
亿维公司	2	520	239	65	172

（续表）

基地	核心群/群	成年母羊/只	育成母羊/只	成年公羊/只	育成公羊/只
阿拉善羊场	5	1 250	251	90	216
满达牧业	2	550	260	10	120
阿右旗羊场	1	750	380	20	140
合计	10	3 070	1 130	185	648

并以内蒙古亿维白绒山羊有限责任公司（表1-5）和阿拉善白绒山羊种羊场（表1-6）为例，重点分析超细超长绒山羊育种核心群主要生产性能。

表1-5 内蒙古亿维白绒山羊有限责任公司超细超长型绒山羊育种核心群生产性能分析

类群	数量/只	绒细度/μm	绒厚度/cm	绒长度/cm	产绒量/g	抓绒后体重/kg
成年公羊	65	14.40±0.84	6.03±0.52	7.47±1.57	733.57±135.23	59.85±3.58
成年母羊	219	13.96±0.43	5.74±0.71	7.25±0.74	686.73±129.73	32.95±3.05
育成公羊	172	13.84±0.33	5.85±0.41	7.65±0.42	741.36±142.52	40.07±3.59
育成母羊	239	13.57±0.40	5.90±0.67	7.23±0.72	579.71±104.96	27.97±2.54

表1-6 阿拉善白绒山羊种羊场超细超长型绒山羊育种核心群生产性能分

类群	数量/只	绒细度/μm	绒厚度/cm	绒长度/cm	产绒量/g	抓绒后体重/kg
成年公羊	90	13.79±0.43	5.31±0.50	7.34±0.62	696.60±146.08	44.98±2.95
成年母羊	279	13.60±0.41	5.39±0.56	7.23±0.62	569.59±137.29	32.29±3.01
育成公羊	216	13.15±0.57	5.21±0.49	7.03±0.53	490.06±91.13	30.19±3.20
育成母羊	251	13.37±0.55	5.27±0.38	7.11±0.39	460.68±87.31	26.24±3.50

第二节 绒山羊育种技术路线

在国家和内蒙古自治区各级政府及主产区业务部门的大力支持和农牧民的共同努力下，上下联合协作的格局已经形成。借助国家和自治区有关科技重大专项等项目驱动，引导各方搭建科研创新示范平台，联合各科研院所作为技术支撑，以现有的品种资源为基本素材，在已有科研成果的基础上，采取科研、生产、推广单位联合育种攻关的技术路线，通过常规育种、基因组育种和分子辅助育种有效集成于一体的新一代绒山羊育种技术与非产绒季节增绒技术的结合，建设山羊繁育基地，开展超细超长、高繁高产绒山羊新品种（系）培育及营养调控、繁殖调控、分部位抓绒、种羊饲养管理及疫病防控等不同学科的立体研究及技术集成，形成一套完整、实用的技术，有计划的进行示范，实现绒山羊精准生产管理。见图1-3。

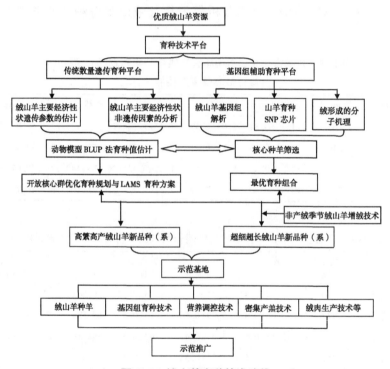

图1-3 绒山羊育种技术路线

第三节 实施绒山羊 MOET 育种计划集成

核心群选种是将群体中优良的个体选出，组建育种群。在该群中实施有计划的个体选配方案，使优良基因在短时间内得到较快的累加，进而加快遗传进展。组装应用 BLUP 选种、亲缘选配、同期发情、胚胎移植等技术，加快超细绒山羊选育、扩繁、固定和提高。计划选择有完整记录，性状最优秀种公羊 20 只、种母羊 200 只，组成 MOET 核心群，每年生产优良胚胎 800 枚以上，移植于受体，从出生断奶公、母羔中，选出 5%最优公羔、30%～40%最优母羔进入核心群，其他输送到育种群或生产群，周而复始地开展，推进超细绒山羊种业产业发展（图 1-4）。

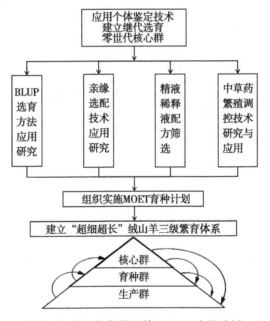

图1-4 超细超长绒山羊 MOET 育种计划

2016 年 10 月在阿拉善白绒山羊种羊场开展了超细超长绒山羊 MOET 育种计划，胚胎移植供体选择细度在 13.99μm 以内，绒伸直长度≥7.0cm，产绒量≥450g，体重≥32kg 的最优母羊及选择细度在 14.5μm 以内，绒伸直长度≥7.0cm，产绒量≥550g，体重≥42kg 的主配公羊，集成亲缘选配、同期发情、超数排卵、腹腔镜输精、胚胎移植技术，获得优质鲜胚 126 枚，累计移植胚胎 93 枚，移植鲜胚受胎率为 55.9%，产羔 49 只，产羔率为 52.7%。见表1-7和图 1-5。

表 1-7　阿拉善绒山羊胚胎移植技术研究示范情况

发情供体/供体处理数	胚胎数/获卵数枚	平均获胚枚/只	发情受体/处理受体只	发情率%	受胎数/移植数只	受胎率%	产羔/只
12/15	126	10.5	93/100	93.0	52/93	55.9	49

图 1-5　胚胎移植产羔

第四节　绒山羊亲缘选配技术研究与应用

亲缘选配，是依据交配双方间的亲缘关系的远近进行选配。刘守仁院士团队在培育中国美利奴羊超细毛品系中应用亲缘选配，首创了嫡亲级进育种新方法。这种方法既能在羊毛纤维细度方面取得进展，又能兼顾到毛长、体重等方面同时提高，并促进了中国美利奴羊超细毛品系优良性状的尽快固定，达到了外貌一致、遗传性能稳定的目的。借助这一方法理论，开展亲缘选配技术在绒山羊育种中的应用研究。

根据通径系数原理，个体 x 的近交系数即是形成 x 个体的两个配子间的相关系数，莱特（S. Wright）1921 年提出的公式计算：用 F_x 表示。

$$F_x = \sum \left[\left(\frac{1}{2} \right)^{n_1 + n_2 + 1} (1 + F_A) \right]$$

式中，F_x 表示个体 x 的近交系数；1/2 表示各代遗传结构的半数；n_1 表示父亲到共同祖先的代数；n_2 表示母亲到共同祖先的代数；F_A 表示共同祖先自身的近交系数；$n_1 + n_2 + 1 = N$ 为亲本相关通径链中的个体数。

　　首先要在建立核心群基础上，系统而全面记录所有个体的生产性能、外貌、配种、系谱等，形成完整的数据资料，为进一步开展系统选种选配提供可能。然后采用群体继代选育，在坚持等级和同质选配的前提下，大胆应用亲缘选配，级进交配 2~3 代，将群体每世代近交生长速度控制在 2% 以下，近交系数控制在 12.5% 以下，防止生产和抗逆性能下降，促进优良基因得到纯合，选育出符合"超细超长"标准的种羊（表 1-8）。

表 1-8　不同亲缘关系的个体交配时的近交系数

近交程度	近交类型	近交系数	近交程度	近交类型	近交系数
嫡亲	亲~子	25.0	近亲	堂兄妹	6.25
	全同胞	25.0		半叔侄	6.25
	半同胞	12.5		曾祖孙	6.25
	祖~孙	12.5		半堂兄妹	3.13
	叔~侄	12.5		半堂祖孙	3.13
中亲	半堂叔侄	1.56	远亲	远堂兄妹	0.78
	半堂曾祖孙	1.56		其~他	0.78

　　阿拉善超细超长绒山羊育种核心群主要性状近交分析表明，当近交系数 6.25%~12.5%，能在细度、伸直长度、产绒量达到较好的育种目标（图 1-6）。

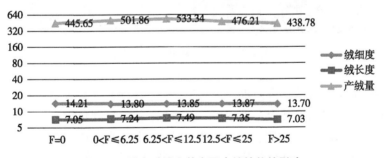

图 1-6　近交对绒山羊主要产绒性状的影响

　　自 2013 年超细育种方案制定并不断实施完善，在阿拉善绒山羊种羊场开展亲缘选配，取得了良好的育种进展。其中 2016 年育成母羊、成年母羊、育成公羊、成年公羊细度在 14.00μm 以下的分别占 46.53%、23.48%、

76.24%、34.30%（表1-9，图1-7）。

表1-9 2016—2017年阿拉善种羊场山羊绒细度小于14.00μm
个体的主要绒性状统计

类群	年份	数量	所占比例/%	绒细度/μm
育成母羊	2016	201	46.53	13.37
	2017	145	39.62	13.58
成年母羊	2016	269	23.48	13.56
	2017	193	18.16	13.66
育成公羊	2016	353	76.24	13.12
	2017	183	72.62	13.33
成年公羊	2016	142	34.30	13.42
	2017	22	25.88	13.58

图1-7 阿拉善种羊场优质种羊

超细绒山羊种羊培育及推广：阿拉善白绒山羊种羊场通过超细育种核心群的组建、亲缘选配技术，人工授精、MOET育种计划集成、信息化育种生产管理等技术的集成应用，2016年培育特级种公羊达到234只、一级种公羊达到289只、二级种公羊达到183只。2017年种羊培育推广成年公羊83只，其中特级27只、一级12只。育成公羊252只（其中特级117只、一级123只、不合格12只，合格率达95.2%），240只种羊合格，亲缘选配效果显著（表1-10，图1-8，图1-9）。

表 1-10 2017 年阿拉善种羊场山羊种公羊基本情况

类型	数量	特级		一级		等外数量
		数量	细度	数量	细度	
成年公羊	83	27（31.7%）	≤14.0μm	12（14.1）	14~14.5μm	44
育成公羊	252	117（46.4%）		123（48.8%）		12(4.8%)

图 1-8 超细超长绒山羊种公羊

图 1-9 不同育种基地超细超长型绒山羊育种核心群

第二章　绒山羊繁育技术

第一节　绒山羊精液稀释液配方筛选与应用技术

一、技术要点

1. 技术说明

在内蒙古阿拉善等荒漠草原绒山羊主产区地广人稀，各个牧户之间距离较远且交通不便，给优质种公羊的人工授精带来了不便。开发出高效的常温精液稀释液就显得尤为重要，延长精子的活力及保存时间，不仅有利于提高优质种公羊的利用率，还可以更好的解决各牧户（点）之间人工授精因长途运输精液导致精子大量死亡致使精液品质下降的难题。

2. 方法和步骤

（1）精液稀释液配制。山羊精液稀释液在配制过程中，药品要求选用分析纯试剂，按稀释液配方，用称量纸、电子天平准确称量药品，将称量好的药品放入锥形瓶中，再加入100mL超纯水混匀，并用滤纸过滤以除去杂质，最后加入青霉素混匀，所有稀释液需现用现配。

（2）绒山羊精液稀释液配方。已有稀释液配方：试验初期所采用的4种配种常用精液稀释液配方A1~A4取自种羊场工作站及陕北白绒山羊会议记录，其配方成分见表2-1。

表2-1　生产上常用的4种精液稀释液配方

配方成分	稀释液			
	A1	A2	A3	A4
葡萄糖（g）	3.00	3.00	0.83	
D-果糖（g）				1.42

（续表）

配方成分	稀释液			
	A1	A2	A3	A4
柠檬酸钠（g）	1.40	1.40	2.35	
柠檬酸（g）				1.20
EDTA（g）		0.10		
Tris（g）				3.50
青霉素（万 U）		20	20	20
卵黄（mL）		10	15	
超纯水（mL）	100	100	85	100

常用的 4 种精液稀释液对精子活力的影响由表 2-2 所列的试验结果可知，12h 之前 4 组精子活力差异不显著（$P>0.05$）；12~24h，A2 组与 A3 组活力高于其他两组（$P<0.05$）；36h 之后，A2 组精子活力显著（$P<0.05$）高于其他三组。且 A2 组的保存时间明显长于其他各组。

表 2-2　不同稀释液对精子活力的影响

保存时间	稀释液			
	A1	A2	A3	A4
0h	0.86±0.05[a]	0.85±0.06[a]	0.88±0.05[a]	0.88±0.05[a]
6h	0.83±0.05[a]	0.85±0.06[a]	0.88±0.05[a]	0.83±0.05[a]
12h	0.70±0.08[a]	0.78±0.05[a]	0.75±0.06[a]	0.73±0.05[a]
18h	0.63±0.05[b]	0.78±0.05[a]	0.73±0.05[a]	0.63±0.05[b]
24h	0.43±0.05[b]	0.73±0.05[a]	0.68±0.05[a]	0.38±0.05[b]
30h	0.35±0.06[c]	0.68±0.05[a]	0.58±0.05[b]	0.33±0.05[c]
36h	0.33±0.05[b]	0.65±0.06[a]	0.40±0.08[b]	0.10±0.08[c]
42h	0.15±0.06[b]	0.58±0.05[a]	0.18±0.05[b]	0
48h	0	0.50±0.08	0	0
54h	0	0.38±0.05	0	0
60h	0	0.28±0.05	0	0

不同 pH 值对精子活力的影响：经过初次试验后，在所筛选出的精液稀释液配方的基础上对其 pH 值进行调整，其精液稀释液配方 B1～B3 见表 2-3。

表 2-3　不同 pH 值的精液稀释液配方

配方成分	稀释液		
	B1	B2	B3
葡萄糖（g）	3.00	3.00	3.00
柠檬酸钠（g）	1.40	1.40	1.40
EDTA（g）	0.08	0.10	0.12
青霉素（万U）	20	20	20
卵黄（mL）	10	10	10
超纯水（mL）	100	100	100

将筛选出的精液稀释液配方进行不同的 pH 值调整，3 种配方的 pH 值分别为 6.7、6.5 和 6.3。由表 2-4 可知，12h 之前及 30～42h 3 组精子活力差异不显著（$P>0.05$）；在 12～24h 及 48～60h 的 B3 组精子活力显著（$P<0.05$）高于其他 2 组。虽然 66h 的 3 组之间差异不显著（$P>0.05$），但是其活力已经低于 0.3。

表 2-4　不同 pH 值对精子活力的影响

保存时间	稀释液		
	B1	B2	B3
0h	0.86±0.05[a]	0.85±0.05[a]	0.86±0.05[a]
6h	0.83±0.07[a]	0.84±0.05[a]	0.84±0.05[a]
12h	0.75±0.05[b]	0.79±0.08[ab]	0.82±0.06[a]
18h	0.73±0.06[b]	0.75±0.05[ab]	0.79±0.07[a]
24h	0.65±0.08[b]	0.70±0.09[ab]	0.75±0.11[a]
30h	0.60±0.10[a]	0.62±0.09[a]	0.67±0.12[a]
36h	0.56±0.14[a]	0.56±0.11[a]	0.64±0.12[a]
42h	0.48±0.18[a]	0.51±0.17[a]	0.60±0.11[a]
48h	0.35±0.16[b]	0.43±0.14[ab]	0.49±0.10[a]

（续表）

保存时间	稀释液		
	B1	B2	B3
54h	0.27 ± 0.17^b	0.27 ± 0.17^b	0.44 ± 0.13^a
60h	0.19 ± 0.15^b	0.21 ± 0.16^b	0.28 ± 0.21^a
66h	0.07 ± 0.11^a	0.08 ± 0.11^a	0.09 ± 0.14^a

改进后的精液稀释液对精子活力的影响：对所得出的最适 pH 值的精液稀释液配方进行改进，改进后的精液稀释液配方 C1～C3 见表 2-5。所有稀释液需现用现配。

表 2-5　改进后的精液稀释液配方

配方成分	稀释液		
	C1	C2	C3
葡萄糖（g）	3.00	3.00	3.00
柠檬酸钠（g）	1.40	1.40	1.40
EDTA（g）	0.08	0.10	0.12
蔗糖（g）	0.6	1.2	1.8
青霉素（万 U）	20	20	20
卵黄（mL）	10	10	10
超纯水（mL）	100	100	100

从表 2-6 结果可以看出，6h 之前 3 组之间精子活力差异不显著（$P>0.05$）；12~72h 之后 C2 组和 C3 组精子活力显著（$P<0.05$）高于 C1 组；而 C2 组和 C3 组之间精子活力差异不显著（$P>0.05$）。78h 之后 C1 组的精子活力已低于 0.3，C2 组和 C3 组之间的精子活力差异依然不显著（$P>0.05$）。

表 2-6　改进后的精液稀释液对精子活力的影响

保存时间	稀释液		
	C1	C2	C3
0h	0.85 ± 0.05^a	0.84 ± 0.07^a	0.83 ± 0.07^a

（续表）

保存时间	稀释液		
	C1	C2	C3
6h	0.81±0.07[a]	0.84±0.07[a]	0.83±0.06[a]
12h	0.74±0.05[b]	0.81±0.07[a]	0.81±0.05[a]
18h	0.71±0.05[b]	0.80±0.06[a]	0.78±0.06[a]
24h	0.69±0.05[b]	0.78±0.06[a]	0.76±0.07[a]
30h	0.65±0.05[b]	0.74±0.05[a]	0.73±0.07[a]
36h	0.63±0.08[b]	0.72±0.06[a]	0.70±0.07[a]
42h	0.57±0.09[b]	0.68±0.06[a]	0.69±0.08[a]
48h	0.53±0.08[b]	0.68±0.07[a]	0.67±0.10[a]
54h	0.51±0.07[b]	0.64±0.07[a]	0.65±0.09[a]
60h	0.48±0.06[b]	0.63±0.07[a]	0.63±0.08[a]
66h	0.44±0.08[b]	0.58±0.06[a]	0.57±0.07[a]
72h	0.40±0.07[b]	0.52±0.07[a]	0.50±0.07[a]
78h	0.28±0.10[a]	0.33±0.08[a]	0.33±0.06[a]
84h	0.09±0.14[a]	0.11±0.16[a]	0.09±0.14[a]

由以上试验得出结论：阿拉善绒山羊精液稀释液的最佳 pH 值为 6.3，最优蔗糖浓度为 12~18 mg/mL。最优配方为：葡萄糖 3.00g、柠檬酸钠 1.40 g、EDTA 0.12 g、蔗糖 1.2 g、青霉素 20 万 U、卵黄 10mL，超纯水至 100mL。3 组配方中最优组精子活力对比见图2-1。

二、适宜地区

根据实验结果和生产中人工授精对精液保存时间的要求，推广配方 A2、B3、C2 用于生产实践（表2-7），适用于全国绒山羊种羊场、大型家庭牧场开展人工授精工作。配方 C2 尤其适宜于在阿拉善等偏远地区推广应用。

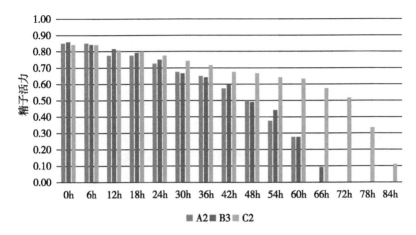

图 2-1 3 组配方中最优组精子活力对比

表 2-7 绒山羊精液稀释液配方

配方成分	稀释液		
	配方 A2	配方 B3	配方 C2
葡萄糖（g）	3.00	3.00	3.00
柠檬酸钠（g）	1.40	1.40	1.40
EDTA（g）	0.10	0.12	0.12
蔗糖（g）			1.2
青霉素（万 U）	20	20	20
卵黄（mL）	10	10	10
超纯水（mL）	100	100	100

三、注意事项

配制稀释液的药品要注意是不是分析纯试剂（如含水葡萄糖和无水葡萄糖），对含有结晶水的试剂要按摩尔浓度进行换算。

稀释液最佳保存温度为 4℃，不具备条件可在 4～15℃ 保存。

稀释后的精液在运输途中要尽量避免剧烈颠簸。

四、联系方式

技术依托单位：内蒙古自治区农牧业科学院畜牧研究所
联系人：刘斌
联系电话：13674889069
电子邮箱：liubin0613@126.com

第二节　绒山羊人工授精技术

一、技术要点

1. 技术说明

人工授精可以提高优秀种公羊的利用率，加速羊群的改良进程，防止疾病传播，又节约饲养大量种公羊的费用，是近代畜牧科学技术的重大成就之一。开展绒山羊人工授精技术研究与示范，旨在提高绒山羊繁育技术水平，为进一步遗传改良提供技术支持。

绒山羊的繁殖规律：绒山羊母羊的初情期一般为4~8月龄，公羊一般为4~7月龄。经过初情期的母羊，生殖系统迅速生长发育，并开始具备繁殖能力，在6~10月龄后性成熟期。性成熟初期的母羊一般不宜配种。母羊第一次配种时以体重达到成年体重的70%~80%为宜，一般在1.2~1.5周岁。一般来讲，由长日照转变为短日照的过程中，随着光照时间的缩短，可以促进山羊发情。生活在荒漠草原牧区大多数绒山羊的繁殖周期与绒毛生长周期一样受光照长短变化的影响，发情配种也多集中在9—11月秋季，呈明显的季节性。

绒山羊人工授精技术：人工授精技术包括器械的消毒、采精、精液品质检查、精液的稀释、保存和运输、母羊发情鉴定和输精等主要技术环节。

2. 方法和步骤

（1）人工配种前的准备。母羊群的管理：调整羊群的繁殖状况，淘汰老龄和生长发育、哺乳性能不好的母羊，从而保证羊群繁殖性能。在配种前一个半月，加强母羊的饲养，在放牧草场营养摄入不足，要进行补饲。

种公羊的管理：参加配种的公羊每天应补饲1.0~2.0kg的混合精料，并在日粮中增加部分动物性蛋白质饲料（如鸡蛋等），每天驱赶运动2km以上，以保持其良好的精液品质。对 2 岁左右的种公羊每天采精 1~2 次为宜；成年公羊每天可采精 2~3 次，每次采精应有 1~2h 的间隔时间。

人工授精室的准备：在有条件的地区可设一间临时简易人工授精室。要求面积为 10~15m²，光线充足、干燥清洁，要求能保持一定温度（15~25℃）。人工授精室日常消毒用 1% 新洁尔灭或 1% 高锰酸钾溶液进行喷洒消毒。

器械药品的准备：人工授精所需的各种器械，如显微镜，水浴锅，假阴道，金属开腔器，温度计，采精架，输精枪，保温瓶，纱布，棉球，酒精、碘酒，稀释液，配种记录本等。金属及玻璃器械需进行高温消毒；假阴道内胎清洁干净后要求用 75% 酒精棉球消毒后备用。

假阴道的安装：采精前从假阴道外壳上的注水孔注入 45~50℃ 的温水，水量为外壳与内胎容量的 1/3~1/2，然后关闭活塞；用消毒后的玻璃棒蘸取少许经过消毒的凡士林，在假阴道装集精杯的对侧内胎上涂抹一薄层，深度为 1/3~1/2；假阴道内胎温度以 38~40℃ 为宜，合格后向夹层内注入空气，使涂抹凡士林一端的内胎壁黏合，口部呈三角形（图 2-2）。

图 2-2　假阴道的安装

（2）精液采集。选择 1 只体格健壮的发情母羊作为台羊并保定，操作人员身体位于台羊右后侧，右手持假阴道，且保持假阴道前低后高，与公羊骨盆中央平面成 35°~45° 夹角。当种公羊爬跨，阴茎勃起伸出时，用左手水平托住阴茎包皮，将其放入假阴道内。当种公羊突然向前猛力冲并且弓腰时，射精完成，种公羊从台羊上滑下，右手顺势将假阴道取下，并旋转保持竖立，打开气卡活塞放气，将假阴道中的精液推送至集精瓶中，立即检查（图 2-3）。

（3）精液品质检查。外观评定：山羊射精量一般为 0.2~1.0mL，正常羊精液一般无味或略带公羊本身的固有气味，呈乳白色或乳黄色，正常精液因密

图 2-3　公羊精液采集

度大而混浊不透明，由于精子运动而呈云雾状翻滚。

显微镜检查：原精活率要求直线运动精子数达到 70% 以上才能用于输精；精子密度分为密、中、稀 3 个等级，以确定精子的稀释倍数；精子畸形率不应超过 20%（图 2-4）。

图 2-4　精液检查

（4）输精。母羊发情鉴定：试情公羊佩戴试情布对母羊进行试情，试情布一般宽 35cm，长 40cm，在四角扎上带子，系在试情公羊腹部。然后把试情公羊放入母羊群，如果母羊已发情便会接受试情公羊的爬跨，结合观察母羊的行为、征状和生殖器官的变化来判定母羊是否发情。

输精安排：适宜的输精时间应在发情后 12～16h，若上午开始发情的母羊，下午与次日上午各输精一次；下午和傍晚开始发情的母羊，在次日上、下午各输精一次；两次输精间隔 6~10h。每只羊的输精量，原精液为 0.05~0.10mL，低倍稀释后精液应为 0.1~0.2mL，高倍稀释后精液应为 0.2~0.5mL。

简易输精法：技术人员将母羊头夹紧在两腿之间，两手抓住母羊后腿，将其提到人腹部，保定好不让羊动，母羊呈倒立状。用湿布把母羊外阴部擦干净。输精枪慢慢从母羊阴门向阴道深部缓慢插入，到有阻力时停止，然后将精液缓缓注入，把母羊轻轻放下（图 2-5）。

图 2-5　简易输精

子宫颈口内输精法：用生理盐水湿润后的开膣器插入阴道深部触及子宫颈后，稍向后拉，以使子宫颈处于正常位置之后轻轻转动开膣器 90°，打开开膣器。输精枪慢慢插入到子宫颈内 0.5~1.0cm 处，插入到位后应缩小开膣器开张度，然后将精液缓缓注入（图 2-6）。输精完毕后，让羊保持原姿势片刻，放开母羊，原地站立 5~10min，再将羊赶走。

（5）妊娠。从精子和卵子在母羊生殖道内形成受精卵开始，到胎儿产出所持续的日期，即山羊从开始怀孕到分娩，这一时期称为怀孕期或妊娠期，一般为 5 个月 150d 左右（145~160d）。2015 年 10 月，在蒙古国中央省安塔尔项目基地开展了绒山羊人工授精技术研究与应用，累计对 65 只羊进

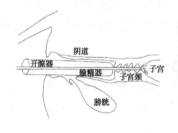

图 2-6　子宫颈口内输精

行了同期发情处理，60 只羊发情，同期发情率为92.3%；人工鲜精输配 60
只，第一情期受胎率为 91.7%。2017 年 3 月产羔率为 94.54%。羔羊平均初
生重为 2.24kg（表 2-8、表 2-9，图 2-7）。

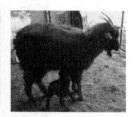

图 2-7　人工授精产羔

表 2-8　蒙古国彩色绒山羊人工授精发情受胎情况

类型	发情/处理母羊/只	发情率/%	受胎/鲜精输精数/只	受胎率/%
白山羊	40/43	93	37/40	92.5
红山羊	14/15	93.3	13/14	92.8
黑山羊	6/7	85.7	5/6	83.3
合计	60/65	92.3	55/60	91.7

表 2-9　蒙古国彩色绒山羊人工授精羊产羔情况

类型	产羔数	产羔数/受胎母羊数	产羔率/%	羔羊初生重/kg
白山羊	34	34/37	91.89	2.18±0.54
红山羊	13	13/13	100	2.34±0.59

（续表）

类型	产羔数	产羔数/受胎母羊数	产羔率/%	羔羊初生重/kg
黑山羊	5	5/5	100	2.21±0.43
合　计	52	52/55	94.54	2.24±0.53

二、适宜地区

适用于全国绒山羊主产区能应用人工授精技术的种畜场、规模化养殖场及家庭牧场。

三、注意事项

人工授精前母羊群的淘汰整群及补饲保持一定膘情是提高羊群繁殖率的有效措施。

发情母羊有时候存在假发情的现象，准确的发情鉴定可有效提高人工授精受胎率。

四、联系方式

技术依托单位：内蒙古自治区农牧业科学院畜牧研究所
联系人：刘斌　赵存发　阿拉木斯
联系电话：1367889069　13347108868　13947870220
电子邮箱：liubin0613@126.com

第三节　绒山羊胚胎移植技术

一、技术要点

1. 技术说明

羊胚胎移植技术是利用激素超数排卵的方法对生产性能优良、遗传性能稳定的母羊进行处理后，取出超排受精卵，分别移植到生产性能较低的母羊的输卵管或子宫内，产出优良后代的一种生物技术。开展绒山羊胚胎移植技术研究与示范，可以开发遗传特性优良的母畜繁殖潜力，较快地扩大良种畜群，旨在提高绒山羊繁育技术水平，为快速扩繁优质种羊提供技术支持。胚胎移植的过程分为供体羊的超数排卵、胚胎采集和受体羊胚胎移植等 3 部分。

2. 方法和步骤

（1）试验羊的选择。供体羊的选择及管理：供体母羊是群体中生产性能最优、遗传性能稳定、体质健壮、繁殖机能正常，年龄在 2~5 岁内。供体母羊实行短期优饲，加强营养，并注意青绿饲料、矿物质和维生素的供应。有健全的传染病、寄生虫病防治措施，超排前避免应激。最适超数排卵的季节是在 9 月下旬至 11 月上旬之间。

受体羊的选择及管理：受体羊体质健康、无生殖器官疾病，发情正常，年龄在 1.5~4 周岁。按照供、受体比例 1 : 12 的原则，准备受体，经适应饲养和观察，最终按照 1 : 10 的比例选定同期发情受体。受体羊应在试验前加强饲养管理，与供体羊同样对待，要求保持中等以上营养水平，并且单独组群、编号，保持环境相对稳定，避免应激反应。

（2）供体羊的超数排卵。超数排卵的方法：供体羊阴道放入 CIDR，在放入 CIDR 的第 13d、14d、15d 连续注射 3dFSH，每天早、晚各一次，递减注射。在注射 FSH 的第 3d 肌内注射 PG，早、晚各一次，经过超数排卵处理的羊在注射 FSH 停止后的 48h 以内发情，并在发情的同时肌内注射 LH，每隔 12h 输精一次，连输 3~4 次（图 2-8，图 2-9，表 2-10）。

图 2-8　同期发情　　　　　　　图 2-9　超数排卵

表 2-10　供体羊激素使用方法　　　　　单位：国际单位

时间	第 13d	第 14d	第 15d	第 16d	第 17d
早	FSH29 国际单位	FSH29 国际单位	FSH29 国际单位 +PG1mL	发情 LH 120IU+输精	发情输精
晚	FSH29 国际单位	FSH29 国际单位	FSH29 国际单位 +PG1mL	发情 LH 120IU+输精	发情输精

（3）供体羊胚胎回收。

①主要器械及药品。手术台、剃须刀、创布、止血纱布、剪毛剪、手术刀柄、手术刀片、手术剪、止血钳、布巾钳、持针器、缝合线、镊子、直径 12cm 表面皿、6~8 号头皮针（尖端磨钝）、18~20 号针头（尖端磨钝）、10~20mL 注射器、细菌过滤器、直径 35cm 培养皿、缝合针。药品有酒精、碘酊、新洁尔灭、0.9% 生理盐水、青霉素、链霉素、全麻药和解麻药等。

②胚胎采集时间。在对新鲜胚胎进行移植时，供体羊在发情配种后的 66~72h，用手术法采集输卵管中 2~8 细胞期的胚胎。

③消毒。手术前供体羊应空腹 12~24h，仰放在保定架上，手术部位在距乳房上端 2cm 处，腹中线的两侧。剪去手术部位的腹毛，用肥皂水清洗手术部位，用剃须刀剃净毛茬，再用清水洗净，用 0.1% 的新洁尔灭水、2%~4% 的碘酊、75% 的酒精依次消毒（图 2-10）。

图 2-10　供体羊绑定

④输卵管冲胚。采集时供体羊肌内注射 2% 的静松灵 0.25~0.5mL，或用普鲁卡因 2~3mL 和利多卡因 2mL，在第 1 尾椎和第 2 尾椎间麻醉。在手术部位切开约 5cm 的切口，用手指在骨盆腔、膀胱周围触摸子宫角，并将

其引出切口外，先观察并记录两侧卵巢表面的黄体数量和卵泡数。

用装有 10mL PBS 液注射器的 8#针头，从子宫—输卵管接合部位扎入，针尖在输卵管狭部，用手指将输卵管和针头捏紧。使用 ø3~4mm 的玻璃管从输卵管喇叭口插入 3~4cm，远端与直径 12cm 表面皿相接，再将注射器内杜氏磷酸缓冲液（PBS）推出，经母羊输卵管将胚胎回收到表面皿中（图 2-11）。

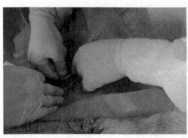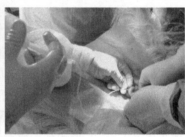

图 2-11　冲胚

⑤胚胎的鉴定。把盛有胚胎冲卵液的表面皿用实体显微镜检查胚胎的数量和发育情况。将捡出的胚胎放入盛有保存液的培养皿中，准备移植受体母羊或进行保存培养（图 2-12）。

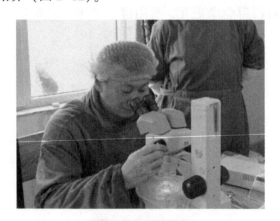

图 2-12　胚胎检查

（4）胚胎移植。

①受体羊的同期发情处理。以放入 CIDR 之日为 0 d，第 12 d 后取出 CI-DR，并在取出的前 36 h 肌注 PG 0.1mg/只，取出 CIDR 后，12~72 h，观察

发情。受体母羊与供体母羊应发情同期化,允许同期范围相差一天。

②受体羊胚胎移植方法。受体羊胚胎移植部位与供体羊采集胚胎部位相同。将空腹12~24h的受体母羊侧卧保定,肌内注射0.3~0.5mL 2%的静松灵后,从输卵管采集的胚胎移植到受体羊的输卵管内,6~7d从子宫采集的胚胎移入有黄体受体羊的子宫角(图2-13,图2-14)。

图 2-13 胚胎移植

图 2-14 手术缝合

(5)术后观察。所有试验羊术后应及时饮水和少吃易消化的青饲料,并驱赶缓缓运动,术后2d内不需跟群放牧。供体羊术后二三个月可进行再次配种,受体注意是否妊娠,若正常妊娠,注意加强饲养。

(6)妊娠。2015年10月,在安塔尔项目基地集成同期发情、超数排卵、人工授精、胚胎移植技术,并结合规范饲养管理模式,开展了绒山羊胚胎移植技术研究与应用。遵照本规程进行操作,使7只供体羊发情率达到了100%,共回收胚胎82枚。对39只受体羊移植胚胎49枚,其中29只进行单胚移植,10只进行双胚移植,移植鲜胚受胎率为67.3%,2017年3月产羔率为103%,羔羊平均初生重为2.29kg(图2-15和表2-11、表2-12)。

表 2-11 蒙古国彩色绒山羊胚胎移植技术研究示范情况

类型	供体数/只	获胚胎数/枚	平均获胚枚/只	发情/处理受体/只	发情率/%	受胎数/移植数/只	受胎率/%
白山羊	3	37	12.3	19/20	95	13/19	68.4
红山羊	2	19	9.5	15/15	100	10/15	66.7
黑山羊	2	25	12.5	15/15	100	10/15	66.7
合计	7	82	11.6	49/50	98	33/49	67.3

图 2-15 胚胎移植产羔

表 2-12 蒙古国彩色绒山羊胚胎移植产羔情况

类型	受胎数/只	产羔数		产羔数/受胎数	产羔率/%	出生重/kg	备注
		单羔数	双羔数				
白山羊	13	11	无	11/13	84.62	2.17±0.56	5 只白羔，3 只红羔，3 只黑羔
红山羊	10	8	2 对	12/10	120	2.47±0.50	单胎 3 只白、2 只红、3 只黑，双胞胎是 1 红，1 白和 2 只红
黑山羊	10	7	2 对	11/10	110	2.23±0.44	单胎是 2 只白、3 只红、2 只黑，双胞胎是 1 白 1 红和 2 只黑
合计	33	26	8	34/33	103	2.29±0.52	

二、适宜地区

适用于全国绒山羊主产区能应用胚胎移植技术的种畜场和规模化养殖场。

三、注意事项

胚胎移植中必须要保证供体和受体环境相同或者相似。

移植时胚胎的数量对受胎率有很大的影响。一般双胚移植比单胚移植可以获得更高的受胎率。

加强后期受体羊的饲养管理是提高受胎率的重要手段，特别是在舍饲条件下，应满足各阶段营养，加强运动，严防挤压碰撞。

四、联系方式

技术依托单位：内蒙古自治区农牧业科学院畜牧研究所

联系人：何云梅　高娃　孙雪峰

联系电话：13947751562　15754364911　13947890233

电子邮箱：etkqglzhym@126.com

第四节　内蒙古绒山羊两年三产繁育技术

一、技术要点

1. 技术说明

在鄂尔多斯地区的阿尔巴斯绒山羊由于当地的草场环境、饲养管理条件及水平较高，所以该地区的部分羊群表现出常年发情，但其发情时间并不集中，这虽然有益于提高牧民的经济效益，但是也因发情不集中，发情数量小等因素给牧民管理带来了诸多不便。从2015年9月至2017年9月，项目组在内蒙古自治区鄂尔多斯市鄂托克旗改良站下属的羊场建立了1个两年三产技术研究应用示范基地，以鄂尔多斯地区阿尔巴斯绒山羊为研究对象，使用以中草药为主和激素共同来对绒山羊进行诱导发情试验，可以进行集中发情从而建立绒山羊两年三产模式，促进增产增收。因此，通过有效的增产方式来提高动物的繁育率，显著提高相应产品产量，最大限度的发挥人为对繁育后代的干预以达到增产的目的（图2-16）。

2. 方法和步骤

通过中草药催情配方和外源激素应用，对比两种不同处理方式对绒山羊同期发情和产羔率的影响，调控绒山羊繁殖周期，实现两年三次产羔，形成绒山羊两年三产技术并推广应用，提高养殖效益。

（1）试验药品。中草药催情配方，是指以中国对中草药的物性、物味和物间关系的传统理论为主导，选取当归、淫羊藿、党参、黄芪、女贞子、益母草、香附、覆盆子按照特定的比例进行搭配。将所有中草药用粉碎机进

图 2-16　内蒙古绒山羊两年三产繁育技术研究

行粉碎、过筛并搅拌均匀以备用。通过多项研究试验证明，其具有提高动物的繁殖机能、提高动物的生产性能、改善母羊乏情及治疗母羊流产等功效。

外源激素：孕马血清促性腺激素（PMSG）由宁波第二激素厂生产（生产批号：201409），每只1000IU；孕激素阴道栓（CIDR）：为新西兰生产（生产批号：N111021）。

（2）试验羊。在鄂尔多斯市鄂托克旗家庭牧场选择 2～4 周岁，体重 34kg 以上，身体状况及营养水平基本相同的母羊。试验配种公羊为羊场中身体状况最好，精液品质最优的 2 只公羊。配种方式为人工授精。

（3）集中发情处理方法。中草药诱导发情处理组：于 2015 年 9 月对 152 只母羊进行处理，将粉碎好的中草药粉末于容器中用温水进行混匀，对试验羊只采用口服灌喂的方式进行服用，在下午羊群放牧结束后进行灌喂，每次用药量为 50g/只，每隔两天灌喂一次，共灌喂 3 次。于 2016 年 5 月对 60 只母羊，2017 年 1 月对 155 只母羊进行处理，处理方法相同（图 2-17）。

PMSG 诱导发情处理组：于 2016 年 5 月对 107 只母羊进行处理，试验开始后第 1d 母羊阴道埋植 CIDR，留置 13d，于翌日撤除阴道栓，同时进行肌内注射 PMSG 250 IU，对母羊撤栓后的发情情况进行观察并记录。

（4）两种处理方法对诱导发情的影响。将未进行任何处理的自然对照组的 20 只母羊发情情况进行对照，两种同期发情处理方法对母羊诱导发情的情况及自然发情的情况见表 2-13，从表中可以看出激素处理组和中草药处理组的母羊发情率分别为 80.3%、84.3%、83.3% 和 83.6%，并且这 4 组之间母羊发情率差异不显著（$P>0.05$），但两种处理方法均使母羊的发情率达到了 80% 以上，相对于对照组差异显著（$P<0.05$），这已经达到了在非自然发情季节诱导母羊发情的目的。

图 2-17　中草药集中催情处理

表 2-13　不同处理方法对诱导发情的影响

处理组	时间	配种前体重 kg	处理只数	发情只数	发情率%
对照组	2016 年 5 月	34.91	20	6	30.0[b]
激素组	2016 年 5 月	34.95	107	86	80.3[a]
中草药组	2017 年 1 月	35.08	147	124	84.3[a]
中草药组	2016 年 5 月	35.13	60	50	83.3[a]
中草药组	2015 年 9 月	34.86	152	127	83.6[a]

设定的两年三产时间为 2016 年 2 月产羔，5 月配种，10 月产羔，2017 年 1 月配种，6 月产羔，9 月配种，从目前试验结果可以看出已基本达到了试验要求，年产羔率达到 122%，其经济效益已远高于自然配种下的一年一产（98%）（表 2-14）。

表 2-14　两种处理方法对产羔的影响

处理组	时间	配种母羊数	产羔数	产羔率%	初生重 kg
激素组	2016 年 10 月	86	83	96.5[a]	2.58±0.47[a]
中草药组	2017 年 6 月	124	117	94.3[a]	2.78±0.35[a]
中草药组	2016 年 10 月	50	47	94.0[a]	2.75±0.30[a]
中草药组	2016 年 2 月	127	119	93.7[a]	2.73±0.22[a]

说明中草药饲料配方同样对母羊具有良好的诱导发情效果，而且还拥有天然性、多功能性、无毒副作用、无抗药性等多种优良特性，并对羊的免疫力、生长性能等均有所提高。采用本次试验所使用的繁殖技术，打破了母羊

的季节性繁殖的限制，成功的提高了母羊在乏情期的利用率，两年三产的体系已趋于完善，由此就可以加快羊群周转，进而提高养殖效益和农牧民收入。

二、适宜地区

本技术适用于绒山羊主产区饲养管理条件较好，饲草料资源丰富，一年四季羊群膘情较好的规模化养殖场和大型家庭牧户。

三、注意事项

加强羊群管理，按防疫规程定时防疫，羊群一年四季保持满膘。

四、联系方式

技术依托单位：内蒙古自治区农牧业科学院畜牧研究所
联系人：何云梅　高凤芹
联系电话：13947751562　13674886163
电子邮箱：etkqglzhym@126.com　liubin0613@126.com

第五节　绒山羊接羔护理技术

一、技术要点

1. 技术说明

产羔是养羊的收获季节之一，在牧区绒山羊生产管理水平较低，棚圈基础设施不完善。羔羊初生时生命力较弱，初生期羔羊的死亡数量占整个羔羊培育过程中死亡数量的比例较大。因此，做好接产护羔工作是提高羔羊成活率的关键，确保丰产丰收。

2. 方法和步骤

（1）产羔前的准备工作。预产期的确定：母羊发情配种后25日内不再发情表明已经受孕。从配种日期算起150d左右就是母羊预产期，根据母羊预产期做好产羔的各项准备工作。

饲草料的准备：羊舍附近靠近留出一片好草场，作为产羔用草场。同时要贮备足够的青干草和适当精料等饲草料供给母羊和羔羊，还要为缺奶羔羊准备牛奶以供人工喂养。

产房的准备：冬季或早春产羔，条件好的牧户羊舍加以整理后可以作为产羔房，要求通风良好，地面干燥，温度5℃以上。在产羔前10d，用2%～5%的碱水或10%～20%的石灰乳溶液进行消毒，消毒后铺上干净的垫草。

人员的准备：接羔是一项繁重而细致的工作，昼夜都要值班，待产母羊和产后的母仔群要分别照顾，弱羔、孤羔和双羔要更细心照料，这是减少初生羔羊死亡的一个主要环节。在牧区牧民养羊数量较多，一般以家庭为单元组织接产护羔人员，具体负责护羔、补乳和补饲各项工作。

用具药品的准备：酒精、碘酒、高锰酸钾、青霉素、链霉素、环丙沙星、止泻沙星、比塞可灵、盐水、消毒纱布、脱脂棉、强心剂、镇静剂、垂体后叶素，还有注射器、温度计、剪刀、编号用具、毛巾、照明设备、记录表格等均应准备就绪，并认真检查。

（2）接羔技术。

①临产母羊的征兆。母羊在产羔之前，其机体器官和表现行为都会出现明显变化，如乳房膨大，乳头直立，能挤出少量黄色初乳，阴门肿胀，有时流出浓稠黏液，排尿次数增多，肷窝下陷，行动迟缓，起卧不安，回头顾腹，用蹄刨地，不时鸣叫，食欲减退，反刍停止，在羊舍独处墙角，独卧一边，放牧时溜边落后。

②正常接产。母羊正常分娩为顺产和倒产，在胎位正常时，让母羊自行产出羔羊。先要剪掉临产母羊乳房周围和后肢内侧的羊毛，然后用温水清洗乳房，外阴部，并用1%来苏儿溶液消毒。正产的羔羊一般是两前肢先出，接着是头部和整个躯体出来，倒产时先产出两后肢。羔羊出生后，先将羔羊口、鼻、耳内等处的黏液掏出擦净，再让其自己扯断脐带或在离腹部4～8cm的适当部位剪断脐带（断脐要等到脐动脉停止搏动时用手将脐内血液向胎儿方向撸几下），用5%的碘酊消毒。羔羊身上的黏液应尽可能让母羊舔干，以增强母性和认羔。母羊分娩后1h左右，胎盘即会自然排出，应及时取走，防止被母羊吞食养成恶习。若产后2～3h羊胎衣仍不下，需采取及时措施。

③难产与处理。难产母羊的助产：母羊难产的原因可能是盆骨狭窄、阴道过小、胎儿过大、子宫收缩无力或胎位不正等。一般在羊膜破水后30min，如母羊努责无力，羔羊仍没产出时，即应助产。助产人员应将指甲剪短磨光、消毒手臂、涂上润滑油，视难产情况作相应处理。如胎位不正，

将胎儿露出部分送回产道，把母羊后躯抬高，手入产道校正胎位，随母羊有节奏的努责，将胎儿拉出；如胎儿过大，可将羔羊两前肢反复数次拉出或送入，然后一手拉前肢，一手扶头，随母羊努责缓慢向下方拉出，切记用力过猛或不随努责节奏硬拉。

假死羔羊的处理：由于羔羊吸入羊水、分娩时间过长、子宫内缺氧等原因，羔羊产出后，不呼吸，但发育正常，心脏仍跳动，即为假死。首先提起羔羊两后肢，悬空并不时拍击其背、胸部；或让羔羊平卧，用两手有节律地推压胸部两侧，多数能复苏。

冻僵羔羊的急救：冻僵的羔羊，应立即转移到暖房内，放到38℃水中并使水温逐渐升高到40℃（露出头部），经过20~30min的温水浴后，再进行人工呼吸，一般可救活。

（3）产羔母羊及羔羊的护理。

①母羊产后护理。母羊产后，应注意保暖、防潮、避风、保持安静休息，并饮一些温水，第一次不易过多，一般1~1.5L即可。最好喂一些麸皮和青干草。若母羊膘情较好，产后3~5d不要喂精料。母羊哺乳期间，要勤换垫草，保持羊舍清洁、干燥。

②初产羔羊护理。羔羊出生后要尽快吃上初乳。瘦弱的羔羊、初产母羊以及保姆性差的母羊需要人工辅助哺乳。先把母羊保定住，将羔羊放到乳房前，找好乳头，让羔羊吃奶，反复几次，羔羊即可自己吮乳。如母羊有病或一胎多羔而奶水不足，应找保姆羊代乳，把母羊的奶汁、尿液涂在羔羊身上，或把麸皮等饲料撒在羔羊身上让母羊舔食，使母羊从气味上接受羔羊。在羔羊出生后12h内，可喂服土霉素，每只每次0.15~0.2g，每日1次，连喂3d。对羔羊要经常仔细观察，做到有病及时治疗。

二、适宜地区

适用于全国绒山羊主产区的种畜场、规模化养殖场及家庭牧场。

三、注意事项

（1）及时清理黏液，保证羔羊呼吸通畅，防止吞噬羊水。
（2）及时让母羊舔食羔羊身上黏液。
（3）及时清理排出胎衣，防止母羊吞食胎衣。

四、联系方式

技术依托单位：内蒙古自治区农牧业科学院畜牧研究所
联系人：吴铁成 马跃军
联系电话：15117187836 13947182688
电子邮箱：wutiec@qq.com

第六节 绒山羊生产性能鉴定技术

一、技术要点

1. 技术说明

绒山羊生产性能、体型外貌鉴定是选育和改良的主要技术环节，可以全面了解和掌握绒山羊品种资源和整体生产性能。对鉴定结果进行科学的数据分析，可综合评价绒山羊品质优劣和群体遗传改良效果，从而制定科学的选种选配方案，达到提高羊群整体生产性能和经济效益的目的。

2. 鉴定方法和步骤

（1）年龄鉴定。牙齿鉴定为："一岁一对牙，二岁二对牙，三岁三对牙，四岁四对牙"。还可根据山羊角轮的多少判断年龄，但应以牙齿判断为主。

（2）生产性能鉴定。测定产绒量、绒细度、绒层厚度、绒长度、绒密度、毛长以及抓绒后体重等，并做好数据记录。

①产绒量。在绒山羊脱绒季节，绒山羊身上的绒纤维的重量，以克（g）为单位精确到0.1g。

②绒细度。现场鉴定时，在测量绒厚的部位，用肉眼评估羊绒细度，并用实物标准来比对（图2-18）。更科学的方法是采集样品，在实验室用仪器分析，以μm为单位。

部位标示：绒山羊羊绒采样主要部位分为肩部、体侧部、股部、背部和腹部5个部位（图2-19）。

采样方法：公羊一般要求按以上5个部位进行采样，母羊要求在体侧部采样；在规定部位用剪刀贴近皮肤处剪下5cm×5cm面积的毛样，毛茬要求整齐，尽可能保持羊毛的长度、弯曲及毛丛的原状。并在保持绒的整齐型的情况下，手工抖去杂质和粗毛。所采毛样用毛样袋包装，并注明牧户姓名、羊耳标号、性别、年龄、采样部位等信息，用于分析羊绒细度、伸直长度及强度等指标。

图 2-18　绒细度鉴定

图 2-19　羊绒采样部位

③绒厚。鬐甲后缘一掌体侧中线交汇稍上处，实测绒层低部至顶端之间自然的长度，精确到 0.5cm。种公羊除了测定体侧绒厚外，还测肩部、背部、股部和腹部的绒厚（图 2-20）。

④绒长度。采集羊绒样品后，在实验室采用手扯法测定的羊绒伸直后的长度，精确到 0.01cm。

⑤毛长。鬐甲后缘一掌体侧中线交汇稍上处，实测毛层低部自顶端之间自然的长度，精确到 0.5cm。

⑥绒密度。单位皮肤上的羊绒数，用 M 表示

被毛密度达中等以上，标记为 M3；被毛密度达中等或很密，标记为 M2；被毛密度差，标记为 M1；

⑦绒弯曲。绒毛的自然弯曲程度。正常弯曲（弧度呈半圆形）：毛从顶部到根部弯曲明显，大小均匀，W3；正常弯曲：毛从顶部到根部弯曲欠明显，大小均匀，W2；弯曲不明显或有非正常弯曲：W1（图 2-21）。

图 2-20　山羊绒厚、毛长测定

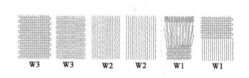

图 2-21　绒毛弯曲图

⑧绒伸直强度。通过施加外力，使羊绒被拉断所需的力，用厘牛（cN）表示。

⑨产绒后体重。24h 不食，只供饮水，且抓绒后的绒山羊的体重用千克（kg）表示。

（3）体型外貌、体尺鉴定。测定性状包括：体高、体斜长、胸围、管围等，并做好数据记录。具体测定方法如下（图2-22）。

①体高。鬐甲中部沿前肢后缘垂直到地面的高度。用直尺或杖尺测量，以厘米（cm）表示。

②体斜长。肩端前缘到坐骨端外缘的直线长度。用直尺或杖尺测量，以厘米（cm）表示。

③胸围。鬐甲后缘垂直围绕通过胸基的围度。用软尺测量，以厘米（cm）表示。

④管围。左前肢管部上 1/3 处的最小围度。用软尺测量，以厘米（cm）表示。

⑤尻高。荐股最高点到地面的垂直距离，以厘米（cm）表示。

⑥胸宽。左右肩胛骨中心点的距离，以厘米（cm）表示。

⑦胸深。由鬐甲最高点到胸股底面的垂直距离，以厘米（cm）表示。

⑧十字部宽。两髋骨突间的直线距离，以厘米（cm）表示。

图 2-22　绒山羊体尺测定

（4）等级评定。按照国家或地区不同绒山羊品种标准评定。

二、适宜地区

适用于全国绒山羊主产区的种畜场、规模化养殖场及家庭牧场。

三、注意事项

绒山羊生产性能鉴定要求准确客观，并做好数据记录。

四、联系方式

技术依托单位：内蒙古自治区农牧业科学院畜牧研究所
联系人：李玉荣　刘斌
联系电话：13704717670　13674889069
电子邮箱：liubin0613@126.com

第三章　优质羊绒生产实用技术

近年来，内蒙古自治区农牧业科学院、新疆畜牧科学院、阿拉善白绒山羊种羊场、吉林农业大学、意大利皮亚卡罗公司，内蒙古白绒山羊种羊场等企事业单位积极推动绒山羊的分部位抓绒、超细超长山羊原绒生产技术的应用。2014—2016 年，意大利皮亚卡罗公司在阿拉善收购价达到 1 000 元/kg，初步探讨了羊绒优质优价的机制和技术可行性。

2017 年 8 月 29 日，在阿拉善盟农牧业局和国家公益性行业（农业）绒山羊专项首席专家赵存发的推动下，首届阿拉善优质羊绒拍卖会成功举办，引起了国内外羊绒界的广泛关注。在本次羊绒拍卖会上，7 号无毛绒拍卖品平均细度为 14.01μm，在绒毛长度指标不够突出的情况下（30.38mm），拍出了每吨 90 万元的最高价位，6 号无毛绒拍卖品以绒长 40.12mm、绒细15.23μm 的优良指标被拍出了每吨 82 万元的第二高价位。这充分说明羊绒细度、长度指标已经成为体现羊绒质量的重要指标。因此，这次拍卖会是中国羊绒行业一个里程碑，标志着羊绒进入以质论价、优质优价的时代，宣告了优质顶尖羊绒作为高端稀缺品竞价机制的确立，同时对于超细超长绒山羊的培育具有极大的推广作用。

同时，通过设备改造及技术革新，对鄂托克前旗增绒试验得到的细度14.8μm 以下、伸直长度达到 90mm 以上的羊绒进行试纺研究，精纺后无毛绒平均巴布长度达到 59.5mm。2016 年，用从超细超长育种核心群收集的细度在13.9μm 以下，伸值长度达到 90mm 以上的 80 多 kg 优质羊绒进行试纺研究，精纺后无毛绒细度 14.02μm，平均巴布长度达到 59mm，实现了突破性进展。2017 年，内蒙古自治区农牧业科学院与内蒙古蒙绒实业有限责任公司合作，在阿拉善白绒山羊种羊场开展优质羊绒生产技术研究与应用，通过超细超长羊绒分级整理，生产优质原绒 200kg。经天津工业大学纺织学院检测细度13.38μm，手排长度 61.68mm，含绒率 68%。为优质无毛绒及高附加值的羊绒产品开发，创新品牌奠定了技术基础。同时内蒙古蒙绒实业有限责任公司在阿拉善建设的羊绒产业科技示范园区投产运行，通过改进分梳工艺，分梳出了 2 吨细度 14.3μm，长度达到 42mm 的高端无毛绒，长度增加 20%、纤维损伤率降低 50%、生产效率提高 40%、出成率提高 5%。实现了超细超长无毛绒从实验室小样生产到工厂批量生产的技术突破，积极促进了羊绒产业健康发展（见附录 9）。

因此，项目组充分利用科研院所、高等院校、现代农牧业示范基地、企业等多种不同研究环境和资源以及在人才培养方面的各自优势，把生产实践与科研实践有机的结合，从根本上解决科研与生产实践需求脱节的问题，通过这种形式，建立产业"上中下游一条龙"的深度联合的科技支撑服务新模式，让成果落地主产区，实现与种业产业科技需求相对接。

第一节 非产绒季节绒山羊增绒技术

一、技术要点

1. 技术说明

非产绒季节绒山羊增绒技术：通过研发新型羊用棚圈，在绒山羊非长绒季节（暖季 5—8 月）以限时放牧和舍饲相结合，根据羊绒生长的日照要求，人为控制日照时间，使暖季放牧时间由传统的 15h 缩短到 7h，促进羊绒生长。实现绒山羊在非长绒季节长绒，显著增加绒产量，每只山羊平均年增绒量达 71%（最低增绒 50%，最高增绒 100%）以上，并减轻放牧草场压力 50% 以上。既能提高绒山羊的生产性能和养殖效益，又加强了草原保护与合理利用。

2. 方法和步骤

（1）建设或改造新型固定式或移动式多功能羊用增绒棚圈，棚圈设计要有通风、降温、控制光强度等主要功能。在实施非产绒季节绒山羊增绒技术时棚圈内暗度要控制在 0.1lx 左右，排气孔通风要好，棚内温度低于等于外界温度（图 3-1）。

（2）非产绒季节绒山羊增绒技术在每年 5 月 1 日至 10 月 15 日期间进行。

（3）从 5 月 1 日至 9 月 14 日，每日 9:30—16:30 为绒山羊自由放牧、饲喂、饮水时间，16:30 至次日 9:30 将绒山羊圈入增绒专用棚内，关闭棚

图 3-1　棚圈改造

门，此为限制日照时间（图 3-2，图 3-3）。

图 3-2　增绒试验

图 3-3　增绒试验效果

（4）绒山羊每日出舍前 15min 逐渐打开窗户，使羊适应自然光的刺激。

（5）从 9 月 15 日开始，第一个 10d 限制日照时间每日缩短 1h；在此基础上，第二个 10d 限制日照时间每日缩短 1h；以此类推，至 10 月 15 日解除限制日照时间进行常规饲养。

（6）每日对圈舍、运动场所彻底清扫一次，保持干净、清爽，每周用生石灰或草木灰水清毒一次，并按常规预防技术规程进行羊疫病防治。

二、适宜地区

根据近年来试验推广情况，本技术适用于内蒙古自治区西部鄂尔多斯市、阿拉善盟、巴彦淖尔市，西藏自治区阿里地区、新疆维吾尔自治区昌吉市、塔城市、巴彦郭勒自治州，甘肃张掖市，陕西省榆林市神木县、安塞县、横山县，蒙古国南戈壁省等国内外绒山羊主生产区放牧、禁牧舍饲、半舍饲条件下种羊场和广大养殖户。截至 2017 年，已在上述地区累计推广 20 万只次。

三、注意事项

非产绒季节绒山羊增绒技术在全国范围内推广应本着因地因时因种制宜的原则，制定适合当地切实可行的实施方案。

增绒棚圈的建设可根据当地绒山羊生产方式和民族习惯的不同而采用固定模式、陕北窑洞式或移动模式等。

绒山羊绒毛生长具有较强的季节性，但不同品种之间有显著差异，大多数绒山羊在非生绒期（5—8 月）不长绒，而有极少数辽宁绒山羊在 6 月开始长绒。因此，确定增绒效果与绒山羊分布区域及品种特征有直接的关系。

绒山羊非产绒季节增绒饲养，必须严格执行《非产绒季节绒山羊增绒技术》。绒山羊自由放牧、饲喂、饮水时间为 9:30—16:30，限制日照时间为 16:30—次日 9:30。根据试验示范点实施情况看，一是若不按操作规程执行（如，一天不圈入棚内，两周后会出现脱绒现象），影响增绒效果。二是若不按规定时间圈入棚内，长绒效果会降低。

绒山羊非产绒季节增绒饲养，根据绒山羊的营养需要量，要始终保持其日粮营养素的平衡，促进绒的生长，保证绒山羊正常产绒性能的发挥。

四、联系方式

技术依托单位：鄂托克前旗北极神绒牧业研究所
联系人：郝巴雅斯胡良　乌日格希拉图　吴丽媛　乌雅罕
联系电话：13904776517　13947702332
电子邮箱：byshl1888@126.com

第二节　增绒绒山羊剪绒技术

一、技术要点

1. 技术说明

应用绒山羊增绒技术后，增绒羊只因绒纤维变长、绒密度增加采用传统抓绒方法难度非常大，遇到抓不下来，抓不净的问题。采用剪绒方法，抓绒速度快、时间短、省力、绒疏松度大，便于后期梳绒，最大限度地保护了羊只皮肤次级毛囊，对羊只伤害小等优点。剪绒方法已形成试行标准在推广使用。

2. 方法和步骤

（1）选择剪绒工具。电动羊绒剪子、人工剪。

（2）剪绒时间。不同地区根据当地的气温变化规律确定具体的剪绒时间，一般在4月底至5月初进行，可根据绒毛顶绒状况灵活把握，气温较低的年份可适当推后剪绒。

（3）剪绒步骤。

①选择剪绒场所。剪绒场所要干净、防风、采光好或有照明，室内温度在15~20℃为宜。

②羊只站立保定及剪毛。将羊角用绳索系牢，羊头向前上方提起保定于事先竖立的桩子上待剪毛。顺着绒头把粗毛剪掉，收回装袋。

③羊只侧卧保定及剪绒。方法是将羊只侧卧，两前肢和侧卧方后肢末端用手强制相集合立即用柔软的绳系牢，使羊体侧卧于地面上。侧卧地面保定待剪绒羊只、用剪子从头部、颈部、前肢、体侧、腹部、脊背、后肢依次贴近皮肤进行剪绒，剪完一侧后将羊只翻体重新保定三肢进行剪另一侧绒。

④结束剪绒。羊只全身绒剪完后，解除保定放回羊群，收回羊绒装入备用塑料袋称重。

3. 技术特点

剪绒时间短，减轻绒山羊抓绒痛苦，保护绒山羊皮肤毛囊。

采用剪绒可使绒毛疏松度变大，且分部位剪绒后的羊绒质量高于传统抓绒的羊绒，可按质论价，对增加养殖户效益有着积极的作用。

二、适宜地区

该项剪绒技术适用于采用绒山羊增绒技术的所有养殖区域。

三、注意事项

剪绒羊只要避免被雨淋。羊只若被雨淋，造成羊只绒毛被潮湿，不利于剪绒操作。剪绒后注意羊只保暖，防止羊只感冒。

剪绒羊只要确保空腹。要注意抓羊、放羊按一个方向操作，即从哪侧侧卧，就从哪侧起立，以防止发生肠捻转、臌气。

剪绒时要避免粪土、杂草等混入。毛被应保持整洁，以利于羊绒分等级。

剪绒剪子应贴近皮肤，均匀地把羊绒一次剪下，留茬不得超过 0.5～1.0cm。若绒茬过高，不许重剪绒茬，防止产生毛屑，影响羊绒品质。

妊娠后期母羊剪绒时应十分小心。临产母羊应在产羔后剪绒，防止引起流产；母羊要保护好乳房、阴户等器官，公羊要保护好阴茎、睾丸等器官，对不小心剪伤的部位要马上消毒，必要时做缝合处理。

对有皮肤病的羊应最后单独剪绒，羊绒要单独存放，单独处理；被毛不同颜色的羊剪下的绒应单独存放和包装。

必须先打毛（俗称嘴子毛），便于剪绒。

剪绒以后，要注意羊舍温度，以防羊只感冒，随时观察羊只有无异常现象。若突遇寒冷天气，要注意羊只保温，圈入羊棚等。

由于羊体各部位羊绒质量差别较大，在剪绒过程中，最好按羊类别、分部位收储，这样可以卖个好价钱。

剪绒工具使用后要及时清理、消毒，保管备用。

四、联系方式

技术依托单位：北极神绒牧业研究所

联 系 人：郝巴雅斯胡良　乌雅罕　郭庆兰　布日古德

联系电话：13904776517

电子邮箱：byshl1888@126.com

第三节　山羊绒分级整理技术

一、技术要点

1. 技术说明

本技术是指从绒山羊身上梳取的山羊绒，剔除杂质后，以细度为主要指标，综合色泽、长度、含绒率等内容进行整理，并将不同部位品质相近的山羊绒进行分级合并的过程。

2. 方法和步骤

（1）抓绒方式（图 3-4，图 3-5）

图 3-4 抓绒前剪毛

图 3-5 使用抓绒梳子抓绒

（2）分级员将抓取的山羊绒按照不同的采集部位分别摊开并抖动，尽量抖掉山羊绒中的皮屑、尘土、草刺等杂质，除去山羊绒纤维中明显的粗毛。分别放置在准备好的器具内或集中堆放在特定的区域（图 3-6）。

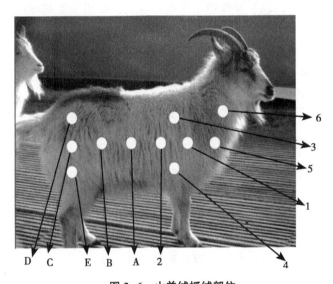

图 3-6 山羊绒抓绒部位

（3）有客观检测结果的，结合细度、长度、颜色、强力等及 GB 18267—2000《山羊绒》进行分级（图 3-7）。无客观检测结果的，分级员宜使用实物标准，来校正自己的眼光。

（4）分级员在分级区将抓取的山羊绒团按照部位的不同摊开并进行抖动，抖掉羊绒中的皮屑、尘土、草刺等杂质。

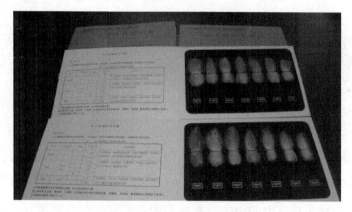

图 3-7　山羊绒细度实物标样

（5）分级员从每个绒团不同部位抽取 2~3 个样品，测量绒丛自然长度，牵拉绒丛估测强力，以手臂深色工作服为背景，观测细度和颜色。最后将品质相似的绒团归为一个级别，放入同一器具中，并在器具外加以标识。

（6）全部山羊的绒毛分级整理完毕后，所得分级整理的绒毛经过称重和登记后，单独存放在清洁干燥通风的地方保存或使用洁净透气的包装材料进行包装，防止山羊绒二次污染或受潮。

（7）若有二次抓绒，则将第二次抓取的山羊绒单独进行分级包装。

二、适宜地区

山羊绒分级整理技术适用于全国范围内以家庭或牧场为单位的绒山羊养殖地区，本技术内容仅适用于对于个体羊只抓绒后的整理和分级，对被收购后进入加工企业的山羊绒的分级整理工作不适用。

建议在生产条件较好的绒山羊繁殖区建立山羊绒分级示范基地，培养一批山羊绒分级技术员，提高山羊绒分级整理技术水平。

三、注意事项

分级员在开始分级前应对抓绒羊群的总体情况进行了解，根据实际条件采取羊群分群措施。分群前对羊群个体的细度参数分别采样进行客观检测，分群时根据检测结果将细度相近的羊只组群。组群要根据山羊绒的色泽进行分群，分为白色绒羊群、紫色绒羊群和青色绒羊群。有条件的地方在此基础上逐步分为母羊群、公羊群、周岁羊群、2~5 岁羊群、6 岁以上羊群和体弱、有疾病的羊群。

一般 1 个分级员配合 6 个抓绒技术人员进行分级工作。

分级区与抓绒区相邻，距离适宜，彼此之间有明显有效的分隔物，分级区要求清洁、干燥，且场地内不能有异型纤维，场地内污物和杂物要及时打扫。

按绒山羊抓绒部位的不同，准备好盛放羊只不同部位羊绒的筐子或事先划定好堆放不同部位山羊绒的特定区域。盛放山羊绒的筐子应材料及规格统一，且轻便耐用，不含异型纤维。

分级区应保证充足的光线，避免太阳直射到分级台区域。光线不足时，要安装照明灯具。

四、联系方式

技术依托单位：新疆维吾尔自治区畜牧科学院
联系人：郑文新 宫平
联系电话：13899939158
电子邮箱：zwx2020@126.com

第四节　超细超长原绒生产技术

一、技术要点

1. 技术说明

山羊绒的纺织价值和市场价值主要是由绒纤维的细度和长度决定。纤维细而长、整齐度好的羊绒保暖性和纺织加工性能好，可以将产业链向高端精纺方向发展，大大增加羊绒产品的种类及价值。近年来，通过超细核心群的选育提高、增绒技术及分部位抓绒技术的应用，已具备生产细度在 14.50μm 以下、原绒伸直长度达到 7~9.6cm 的优质山羊原绒。

2. 方法和步骤

（1）在超细育种核心群生产性能鉴定整群及选育提高的基础上实施非产绒季节绒山羊增绒技术。

（2）改造现有棚圈设施，使其具有通风、降温、控制光强度等主要功能。每年 5 月 1 日至 10 月 15 日期间进行增绒饲养管理，具体参照《非产绒季节绒山羊增绒技术》规程。

（3）在每年4月抓绒工作开始前，技术人员根据羊群的档案记录和现场鉴定，把超细育种核心群按年龄分为1岁育成公母羊抓绒组，2岁成年母羊抓绒组，3岁及以上成年母羊抓绒组。

（4）分组前对羊群个体的细度和伸直长度参数分别采样进行客观检测，要求细度在14.50μm以下、体侧部伸直长度达到7~9.0cm的优秀个体。

（5）参照《山羊绒分级整理技术》规程，将个体羊只肩部和体侧部的山羊绒集中在一起，每只羊收集的原绒装1个袋，袋子外贴上与耳标相同的溯源标示识别码。

（6）根据检测结果将年龄组按细度12.00μm以下，12.00~12.99μm、13.00~13.99μm、14.00~14.50μm分类整理收集原绒，装入大包装袋，袋子贴上年龄、细度识别标识。

二、适宜地区

适用于全国范围内规模化羊场、家庭牧场，群体平均细度在13.99μm以下（个体细度14.50μm以下），实施增绒后体侧部伸直长度在7.0cm以上育种核心群，重点在内蒙古自治区西部阿拉善盟、鄂尔多斯市、巴彦淖尔市组建的超细超长育种核心群。

三、注意事项

该项技术的应用在羊群必须经过客观、公正、准确的细度长度测定基础上。

超细超长育种核心群要通过鉴定整群、选育，所获得的羊绒才能整齐度好、品质优。

应用绒山羊增绒技术后，羊只绒纤维变长、绒密度增加，采用传统抓绒方法难度非常大，可参照《增绒绒山羊剪绒技术》规程收集所需原绒。

四、联系方式

技术依托单位：内蒙古自治区农牧业科学院畜牧研究所
联系人：勿都巴拉　张春华
联系电话：15849376527　13947192083
电子邮箱：liubin0613@126.com

第四章　绒山羊综合管理技术

种羊的选择是从遗传方面提高生产性能，但需要实施行之有效的饲养管理技术措施才能使其遗传潜力得以发挥，饲养管理水平直接关系着绒山羊产品及后代的数量和质量。为了提高绒山羊生产性能，培育必须加强各类型羊不同生育阶段的饲养和管理。在得到充分数据支持的情况下，主要从种公羊和母羊的饲养管理、羔羊的培育、育成羊的饲养管理等几个类型不同生育阶段的营养需求，补饲标准，饲养方式、日常保健、疫病防治等方面制定了详实的优质绒山羊饲养和管理技术规程。

第一节　陕北白绒山羊不同生理阶段推荐饲料配方

一、技术要点

1. 全舍饲条件下生长期陕北白绒山羊母羊日粮推荐配方

适合陕北榆林市及延安市全舍饲条件下母羊体重在 10～20kg、日增重在 90～110g 的日粮配制（表4-1）。

表4-1　生长期陕北白绒山羊母羊日粮推荐配方

原料	配比（%）	营养成分	含量
玉米	39.80	消化能 DE/（MJ/kg）	9.66
葵粕	2.80	粗蛋白质 CP/（%）	7.64
豆粕	3.30	钙 Ca/（%）	0.50
食盐	0.40	磷 P/（%）	0.20
磷酸氢钙	0.30	饲喂量（g/d）	850

（续表）

原料	配比（%）	营养成分	含量
预混料	0.20		
苜蓿草粉	14.00		
玉米秸秆	40.00		

2. 全舍饲条件下妊娠后期陕北白绒山羊母羊日粮推荐配方

适合陕北榆林市及延安市全舍饲条件下年龄在 1.5~4 周岁、体重在 30~35kg、怀单羔的妊娠后期母羊的日粮配制（表 4-2）。

表 4-2 妊娠后期陕北白绒山羊母羊日粮推荐配方

原料	配比（%）	营养成分	含量
玉米	47.00	消化能 DE/（MJ/kg）	10.60
麸皮	0.60	粗蛋白质 CP/（%）	8.00
豆粕	3.30	粗纤维 CF（%）	15.60
食盐	0.50	钙 Ca/（%）	0.40
豆油	0.80	磷 P/（%）	0.20
蔗糖	2.20	饲喂量（g/d）	750
磷酸氢钙	0.40		
预混料	0.20		
苜蓿草粉	22.50		
玉米秸秆	22.50		

3. 全舍饲条件下泌乳期陕北白绒山羊母羊日粮推荐配方

适合陕北榆林市及延安市全舍饲条件下年龄在 1.5~4 周岁、体重在 35~40kg、2~4 胎、产单羔的泌乳期母羊的日粮配制（表 4-3，图 4-1）。

表4-3 泌乳期陕北白绒山羊母羊日粮推荐配方

原料	配比（%）	营养成分	含量
玉米	18.15	消化能 DE/（MJ/kg）	13.71
麸皮	3.78	粗蛋白质 CP/（%）	10.67
葵粕	5.43	粗纤维 CF（%）	30.83
豆粕	1.70	钙 Ca/（%）	0.42
食盐	0.45	磷 P/（%）	0.27
磷酸氢钙	0.30	饲喂量（g/d）	1200
预混料	0.19		
苜蓿草粉	28.00		
玉米秸秆	42.00		

图4-1 陕北绒山羊推荐配方饲喂试验

二、适宜地区

陕西榆林市县及延安市县陕北白绒山羊舍饲条件下养殖场（户）。

三、注意事项

本配方适合陕北地区适度规模养殖场（小区）养殖的陕北白绒山羊，对于农户散养的陕北白绒山羊，可参照本配方进行适当调整。同时注意饲料在混合过程中的均匀度及分次饲喂。

四、联系方式

技术依托单位：西北农林科技大学
联系人：陈玉林　杨雨鑫
联系电话：13379039039
电子邮箱：chenyulindk@163.com

第二节　绒山羊放牧、舍饲育肥实用技术

一、技术要点

1. 注意事项

（1）育肥开始之前有个 1 到 15 d 的预饲期，让羊习惯环境和饲料，育肥一般是 90d，最多不能超过 120d。

（2）每天要定时定量的喂草料 3~4 次，按先粗后精、先干后湿的方法，先喂干草（草粉）以后喂青贮，再喂精料。不能随意改变饲草料。凡是腐烂、发霉、变质、冰冻及有毒有害的饲草、饲料，一律不准饲喂育肥羊。

（3）育肥的时候不能用含有激素类的药。出栏前 20d 不能喂药打针。

（4）育肥羊圈舍要定期打扫和消毒，保持羊舍干燥通风，潮湿的圈舍和环境，容易使育肥羊患上寄生虫病和腐蹄病。

（5）饲喂用的饲槽和所占位置要与总羊数相称，避免饲喂时羊只拥挤和争食。

2. 方法和步骤

（1）放牧育肥。充分利用草场，特别是利用夏秋牧草茂盛季节，让羊放牧抓膘。这是最有效、最经济的育肥方法之一。为了提高放牧育肥的效果，应当将羊只按性别、年龄和营养状况分别组群。根据不同季节的气候特点，灵活掌握放牧日程。开始放牧前，应当进行驱虫、灭癣、抓绒、剪毛。对放牧育肥的羊只，一定要保证充足的饮水和定期喂盐。这样经过 4~5 个月，即能达到膘满肉肥。

（2）舍饲育肥。一般在冬春枯草季节，或在屠宰前短期进行。羊棚或羊舍内空气要新鲜、干燥。饲草除干草外，可充分利用农副产品（如米糠、酒糟、饼粕等）。饲喂时要做到少给、勤添和勤拌。通常以 75~100d 育肥期

为宜。

（3）混合育肥。该方法多在草场不好或在短期内育肥时采用。秋末对没有抓好膘而准备出栏的羊只，每天除放牧外再补喂一些混合料，以加快育肥速度；经30~40d的育肥，然后屠宰。补饲混合料配方：草粉60%，玉米面30%，饼粕9%和1%的食盐；日给0.5kg。

（4）育肥羊饲养管理。架子羊一般挑健康，无疾病、选骨架（体格）较大，体躯发育良好，品相良好的羊。经过驱虫、灭癣、修蹄后开始舍饲。

由放牧转入舍饲的育肥羊，要经过一段时间的过渡，一般为3~5d，在此期间只喂草和饮水，之后逐步加入精饲料，由少到多，再经过5~7d后，就可以加到育肥计划规定的育肥阶段的饲养标准。

二、适宜地区

本项技术适用于全国范围内以家庭或牧场为单位的绒山羊养殖地区，本技术内容适用绒山羊育肥管理等。

三、联系方式

技术依托单位：新疆畜牧科学院

联系人：郑文新　宫平

联系电话：13899939158　　13579915044

电子邮箱：ggpp99@qq.com

第三节　规模化羊场口蹄疫、羊痘和布鲁氏杆菌病综合净化技术

一、技术要点

1. 技术说明

对规模化养殖场口蹄疫、羊痘和布病进行免疫控制，通过免疫合格率和病原学检测，淘汰病原学检测阳性羊只，最终使这3种疫病达到免疫无疫或不免疫但无疫的状态，使养殖场内无这3种病原存在并通过中国动物疫病预防控制中心组织的认证，全面保障养殖场的健康发展。

2. 方法和步骤

（1）加强饲养管理水平，严格执行各项规章制度。各养殖场应该根据本场实际情况制定和完善管理制度并严格执行，各个岗位的人员各司其职，严格遵守各项规章制度。在周边出现疫情时，所有人员应该坚守各自工作岗位，严格遵守各项规章制度，做好隔离措施，同时禁止任何闲杂人员进出场区，本场所有人员进入场区前均应做好彻底消毒措施（图4-2）。

图4-2　监督检查各项制度落实情况

（2）做好消毒工作。消毒包括日常预防性消毒和紧急消毒，预防性消毒一般选择高效、广谱的消毒剂，能对所有微生物起到有效杀灭作用。而紧急消毒是在周边动物或本场发生传染病时采取的措施，此时应根据病原种类选择对病原具有特异、高效杀灭作用的消毒剂或消毒方法，方可有助于疫病控制。

（3）对全场所有羊只进行血清学或病原学检测，及时淘汰阳性动物。口蹄疫感染性抗体检测阳性或病原学检测阳性，应及时淘汰阳性动物；羊痘如果观察到疑似病羊应及时隔离，同时进行病原学检测，如果为阳性应及时淘汰；布鲁氏杆菌如果在非免疫羊群中检测到抗体阳性，应及时淘汰（图4-3）。

（4）坚持自繁自养，商品羊整进整出。规模化养殖场应该坚持自繁自养的原则，商品羊出栏时尽量整进整出；确实需要引种，引进的羊只需严格检疫，并在引进后隔离饲养观察2周以上，确证健康后方可混群。

（5）免疫程序进行疫苗接种。每个羊场应按本场实际情况制定免疫程

图4-3　羊只采血

序并严格执行，每次免疫后应进行免疫效果抽样检查，如果出现免疫失败，应及时补免；此外，在周边出现疫情时应加强免疫一次。

（6）采用临床监测和实验室监测相结合的方式，准确、及时地进行免疫水平及疫情监测。羊场兽医应随时密切观察羊群健康状况，如果出现疑似病例时，应及时进行详细的临床检查和实验室检测进行确诊；同时应该坚持1年3次或1年2次免疫抗体、感染抗体及病原学抽样检测，进行疫情预警和疫情监测（图4-4）。

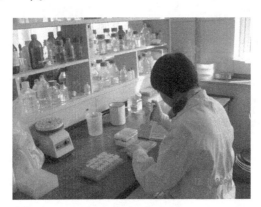

图4-4　血清学检测

（7）制定合理的羊场疫病控制和净化标准。制定科学、合理的控制和净化标准，有利于目标的顺利实现；目前一般认为在1年内未出现任何病例，1年或1.5年内连续2次或3次免疫抗体检测合格、感染抗体监测或病原学检测为阴性，且连续组织 3 次传染病风险评估结果为低风险甚至无风险，同时符合以上 3 个条件则可认定为该种疫病得到控制；连续 2 年内未出现任何病例，连续 2 年（4 次或 6 次）免疫抗体检测合格、感染抗体监测或病原学检测为阴性，且连续组织 6 次传染病风险评估结果为低风险甚至无风险，同时符合以上 3 个条件则可认定为该种疫病得到净化。

（8）组织专家进行评估验收。对于实施某种疫病控制或净化的羊场，应该邀请相应专家到羊场进行实地评估验收，如果评估和验收通过，则才能确定为某种疫病控制或净化的羊场；如果不能通过，则应进行整改和强化控制净化措施，争取早日到达标准。

二、适宜地区

羊只存栏量大于 500 只的绒山羊种羊场或规模化、标准化的养殖园区，养殖大户。

三、注意事项

认证前应向当地动物疫病预防控制部门提出申请备案。必须在专业人员的指导下开展工作。相关检测应在专业的实验室进行。

四、联系方式

技术依托单位：中国农业科学院兰州兽医研究所，中国动物疫病预防控制中心

联系人：才学鹏　窦永喜

联系电话：0931-8342716　010-59194725

电子邮箱：caixp@ vip. 163. com　yongxid@ 163. com

第四节　绒山羊疫病综合防控技术

一、技术要点

1. 技术说明

绒山羊疫病防治工作必须正确地贯彻"预防为主"的方针，把"改善饲养管理，结合药物防治"两者密切结合起来。在大多数地区饲养绒山羊

可参照下列规程开展防疫工作，可有效预防病毒感染，消除疾患，增强免疫力，代替抗生素，减少残留，绿色生产，达到预防疾病的目的。使绒山羊的死亡率控制在2%以内，从而提高绒山羊整体生产性能。

2. 方法和步骤

（1）坚持自繁自养。养殖大户应该坚持自繁自养的原则，尽量避免与其他牧户混群。进行种畜交换，需要建立严格的检疫制度，并在引进检疫后隔离饲养观察2周以上，确证健康后方可混群。

（2）加强饲养管理水平，提高家畜的抵抗力。加强饲养管理，能够增强家畜体质，提高生产性能，是防疫灭病的基础。保持羊群所处的环境卫生，包括搞好放牧地、饮水场地和棚圈等的卫生工作。游牧时把更换草场与驱虫工作相结合，可以减少和防治寄生虫的感染。铲除毒草，可以防治中毒疾病。清除放牧地散弃的兽骨、尸体和做好下湿地、沼泽地、积水坑的排水、消毒及灭螺等工作，能大大减少传染病和寄生虫病的发生。

（3）预防接种与检疫。

①定期预防接种。预防接种是利用各种生物药品预防传染病的一种重要方法。给羊注射生物药品制剂后，可以获得对某种疫病的免疫力，以阻止病原微生物侵入或抑制其繁殖，达到不致发病的目的。预防接种必须有的放矢，既要在全面掌握当地疫情后，确定对那几种疫病进行接种，并要根据疫病流行规律，结合生产环节，不失时机地进行，且力求做到每只羊都要注射免疫。预防接种必须持之以恒，坚持多年，才能显出良好效果。

羔羊出生后10h内应肌内注射破伤风抗毒素1 500~3 000单位；羔羊7~10日龄时应注射"羊痘鸡胚化弱毒苗"；20~30日龄和7月龄时应各注射一次预防羊快疫、羊猝疽、羊肠毒血症和羔羊痢疾4种疾病的四联苗；对于产羔母羊应在配种前一个月和产羔前一个月各注射一次四联苗；对于公羊，一般在每年的春季和秋季各接种一次。

②加强检疫工作。羊群进行细致全面观察，结合当地疫情进行必要的检查（如对布氏杆菌病的检疫），特别是对调入或调出的羊要严格进行检疫，取得检疫证明书，发现疫病，应立即采取隔离和扑灭疫病的有力措施。对引进的羊一般需隔离一个月左右，观察无病时方可混群饲牧。严禁从疫区购买草料及畜产品。对收购、运输、屠宰等各项检疫内容，都应遵守执行，以杜绝疫病传播。

（4）适时药浴。药浴可以治疗羊的皮肤病和体外寄生虫病，是防治和消灭疥癣病、虱子的一种主要方法。山羊在剪毛抓绒后，无论有无皮肤病，都应进行药浴。最好坚持每年春秋两季各药浴一次。药液可用 70% 马拉硫磷的 500~800 倍稀释液加 1%~2% 敌百虫溶液。进行药浴最好建有专门的药浴池或淋浴装置。

（5）定期驱虫。除对病羊进行治疗性驱虫外，最好根据当地寄生虫病流行情况，每年定期进行预防性驱虫，一般以春季开始放青前和秋季草枯后各进行一次普遍驱虫较合适，每年的 4~5 月和 10~11 月应用广谱驱虫药进行一次体内驱虫。常用药物有丙硫咪唑、丙硫苯咪唑等；在 5—11 月期间可根据实际情况用溴氢菊酯，不定期地进行体表喷浴驱虫。

（6）消毒。兽医消毒是用各种方法消除病源微生物以及寄生虫的危害，是防疫卫生工作的一项重要措施。除了做好疫病发生时的紧急消毒和疫病控制后的终末清毒外，要注意做好平时的预防性定期消毒。对羊舍、棚圈及饲养管理用具等经常打扫、洗刷和定期消毒，是预防疫病的有力措施。常用消毒药物有火碱、百毒杀等。对粪便可以采用堆积发酵处理，利用发酵时的生物热可以杀灭粪便中的一般病原微生物、寄生虫及虫卵，而且可以提高粪便的肥效。

二、具体规程（表4-4）

表4-4　绒山羊疫病综合防治技术规程

区域	时间	年龄	疫苗或药物	用法与用量	保护期	备注
项目区	2月底或3月初和10月或11月2次	1月龄以上	丙硫咪唑制剂或左旋咪唑制剂或伊维菌素注射液	口服 15mg/kg 体重，伊维菌素 20mg/kg 体重口服或皮下注射		丙硫咪唑妊娠 45d 忌用，伊维菌素屠宰前 35d 禁用
项目区	3—4月	1月龄以上	羊快疫、猝疽、羔羊痢疾、肠毒血症四联干粉灭活疫苗	肌内或皮下注射，每只 1mL	12个月	足量注射也可用 1.5mL/只
项目区	3月和9月2次	1月龄以上	口蹄疫灭活苗	肌内注射，每只 1mL	6个月	

（续表）

区域	时间	年龄	疫苗或药物	用法与用量	保护期	备注
项目区	7月和10月2次	全群羊	马拉硫磷溶液+敌百虫粉	参见药物说明稀释后药浴		7~10d后重复一次，同时对环境彻底消毒
项目区	6—8月1次	全群羊	氯硝柳胺片+左旋咪唑片	口服氯硝柳胺片70mg/kg体重，左旋咪唑片15mg/kg体重		按草原类型和羊膘情况有选择性进行
项目区	12月	全群羊	山羊痘活疫苗	皮内注射，每只0.5mL	12个月	
项目流行区	4月	全群羊	羊传染性胸膜肺炎灭活疫苗	皮下或肌内注射3~5mL/只	12个月	已出现症状和体温超过40℃时羊不得注苗
项目流行区	6月	全群羊	肉毒梭菌（C型）中毒症灭活疫苗	皮下注射，每只1mL	12个月	
项目区	3—4月	1月龄以上和补栏的所有易感羊	小反刍兽疫活疫苗	皮下注射，每只1mL	36个月	仅用于接种健康动物

三、适宜地区

适用于全国绒山羊主产区种畜场、规模化养殖场及家庭牧场。

四、注意事项

中草药的使用需在专业技术人员指导下开展。

五、联系方式

技术依托单位：内蒙古自治区鄂尔多斯市鄂托克旗家畜改良工作站

联系人：何云梅 何荣利 苗雄 汪斌

联系电话：13947751562

电子邮箱：etkqglzhym@126.com

ICS 65.020.30

B 43

DB15

内 蒙 古 自 治 区 地 方 标 准

DB15/ 1099—2017

超细超长型绒山羊
Super fineness and length cashmere goat

2017－01－05发布　　　　　　　　2017－04－05实施

内蒙古自治区质量技术监督局　　发布

前　言

本标准根据 GB/T 1.1—2009 给出的规则起草。

本标准由内蒙古自治区农牧业科学院提出。

本标准由内蒙古自治区农牧厅归口。

本标准起草单位：内蒙古自治区农牧业科学院、内蒙古自治区纤维检验局、内蒙古自治区家畜改良工作站、阿拉善盟农牧业局、内蒙古蒙绒实业股份有限公司、内蒙古亿维白绒山羊有限责任公司。

本标准主要起草人：刘斌、赵存发、李玉荣、吴铁成、勿都巴拉、何云梅、郭俊、吴海青、马跃军、高娃、王娜、郝巴雅斯胡良、徐绚绚、康凤祥、刘少卿、周俊文、张文彬、孟克、魏迎鸿、鲁宽。

超细超长型绒山羊

1　范围

本标准规定了超细超长型绒山羊特性、外貌特征、羊绒品质、生产性能和分级技术要求。

本标准适用于超细超长型绒山羊的鉴定、等级评定。

2　规范性引用文件

下列文件对于本文件的应用是必不可少的。凡是注日期的引用文件，仅所注日期的版本适用于本文件。凡是不注日期的引用文件，其最新版本（包括所有的修改单）适用于本文件。

GB 18267　山羊绒

NY 623　　内蒙古白绒山羊

NY/T 1236　绵、山羊生产性能测定技术规范

3　术语和定义

下列术语和定义适用于本文件

3.1　超细超长型绒山羊　Super Fineness and Length Cashmere Goat

以内蒙古自治区优质绒山羊资源为基础，采用本品种选育（亲缘选配）及增绒技术，培育出的超细超长绒山羊（体侧部羊绒细度在 13.99μm 以下，伸直长度在 7cm 以上）。

3.2　绒山羊增绒技术　Increasing cashmere yield technique

根据羊绒生长规律，人为控制饲养条件，以促进羊绒生长，实现绒山羊在非生绒期（5—8 月）长绒，提高个体生产性能。

4 品种来源

超细超长型绒山羊来源于内蒙古白绒山羊（阿尔巴斯、二狼山、阿拉善）等优势主产区。

5 品种（系）特征

5.1 外貌特征

体格中等，体质结实，结构匀称、紧凑，背腰平直，后躯稍高；头轻小，面部清秀，鼻梁微凹，两耳向两侧展开，有前额毛和下颌须；四肢强健，蹄质坚实；公羊有扁形大角，母羊角细小，向后、上、外方向伸展；外层粗长毛下垂至膝盖以下。

5.2 绒毛品质

全身绒毛纯白，分内外两层。外层为粗长毛，毛长一般 10.00~25.00cm；内层为细绒。山羊绒细长，体侧部羊绒细度在 12~14.5μm，绒厚在 5.5cm 以上，伸直长度 7.0cm 以上，纺织性能优；绒密、油汗适中而有光泽；净绒率 55% 以上。

5.3 生产性能分级及技术要求

5.3.1 在放牧加补饲条件下种羊理想型生产性能技术要求（附表 1-1）

附表 1-1 理想型羊生产性能技术要求

羊别	产绒量 g	抓绒后体重 kg	绒厚度 cm	绒伸直长度 cm	细度 μm
成年公羊	≥550	≥42	≥5.5	≥7	≤14.50
成年母羊	≥450	≥32	≥5.5	≥7	≤13.99
育成公羊	≥400	≥30	≥5.5	≥7	≤13.50
育成母羊	≥350	≥25	≥5.5	≥7	≤13.50

5.3.2 产羔率≥100%

5.3.3 屠宰率≥45%

6 分级

6.1 一级

体型外貌、绒毛品质、生产性能全面符合本品种理想型技术要求者为一级。伸直长度超过一级羊 15%的优秀个体为特级。

6.2 二级

体型外貌符合品种要求，体格小于一级羊，绒伸直长度≥7.0cm。与一级羊相比，成年公母羊、育成公母羊产绒量分别≥450g、≥400g、≥350g、≥300g。

6.3 三级

体型外貌符合品种要求，体格小于一级羊，绒伸直长度≥6.0cm。成年公母羊、育成公母羊产绒量分别≥400g、≥350、≥300、≥250g。

6.4 等外

凡不符合以上三级者为等外。

附录1A
(资料性附录)
超细超长型绒山羊

正面　　　　　　　　　　　　　侧面

附图 1A.1　成年公羊

正面　　　　　　　　　　　　　侧面

附图 1A.2　成年母羊

ICS 65.020.30
B 43
备案号：53533—2017

DB15

内 蒙 古 自 治 区 地 方 标 准

DB15／T 1098—2017

高繁高产型绒山羊

High fecundity，high cashmere and chevon yield cashmere goat

2017-01-05 发布　　　　　　　　　　　2017-04-05 实施

内蒙古自治区质量技术监督局　　　发布

前　言

本标准根据 GB/T 1.1—2009 给出的规则起草。

本标准由内蒙古自治区农牧业科学院提出。

本标准由内蒙古自治区农牧业厅归口。

本标准起草单位：内蒙古自治区农牧业科学院、内蒙古家畜改良站、内蒙古纤维检验局、鄂尔多斯市农牧局、杭锦旗家畜改良站、鄂尔多斯市立新实业有限责任公司、鄂尔多斯市万全种羊养殖有限责任公司。

本标准主要起草人：吴海青、赵存发、李玉荣、刘斌、勿都巴拉、马跃军、何云梅、郭俊、徐绚绚、高娃、赵霞、康凤祥、李春生、高如军、王泽平、刘和平、王有成。

高繁高产型绒山羊

1 范 围

本标准规定了高繁高产型绒山羊品种特性、外貌特征、产绒性能、产肉性能、繁殖性能和分级技术要求。

本标准适用于高繁高产型绒山羊品种的鉴定、等级评定和种羊出售或引种。

2 规范性引用文件

下列文件对于本文件的应用是必不可少的。凡是注日期的引用文件，仅所注日期的版本适用于本文件。凡是不注日期的引用文件，其最新版本（包括所有的修改单）适用于本文件。

NY/T 623　内蒙古白绒山羊

NY/T 1236　绵、山羊生产性能测定技术规范

DB21/T 1699　辽宁绒山羊

3 术语和定义

3.1 高繁高产绒山羊 Super（high Fecundity, high cashmere and chevon yield）cashmere goat

绒山羊胎次繁殖率达到160%，年繁殖率240%~320%（两年三胎，一年两胎），产绒量达到1.00kg，体重达到45kg。

4 品种来源

高繁高产型绒山羊是在内蒙古白绒山羊和罕山绒山羊导入辽宁绒山羊血液，培育出的地方绒山羊品种（杭白绒山羊类群、敏盖绒山羊类群、罕山绒山羊），主要分布于内蒙古自治区鄂尔多斯市、巴彦淖尔市、赤峰市和通辽市。

5　品种（系）特征

高繁高产型绒山羊是兼用型地方优良品种。具有良好的产肉、产绒性能。适应性强，耐粗饲，适应于干旱，半干旱荒漠草原和农区、半农半牧区，放牧加补饲。

5.1　外貌特征

被毛全白，体格大，体质结实，结构匀称，胸宽而深，背腰平直，四肢端正，蹄质坚实，耳斜立，额顶有长毛，颌下有髯，公、母羊均有角，公羊角粗大、向后弯，母羊角向后上方捻曲翘立，尾短而小，向上翘立，绒毛长而密。

5.2　繁殖性能

繁殖率为 160%。

5.3　产肉性能

母羊体重 45kg 以上，公羊体重 55kg 以上。平均屠宰率 48%。

5.4　产绒性能

母羊产绒量 1.00kg 以上，公羊产绒量 1.20kg 以上。绒密、麦穗状、油汗较大而有光泽。体侧部羊绒细度一般在 16.50μm 以下，绒厚度 9cm 以上。四季长绒，4 月至 5 月剪绒，每年一次。

6　分级标准

6.1　一级

6.2　符合附表 2.1 中各项指标的为一级。

附表 2.1　一级羊生产性能指标

羊别	繁殖率	产绒量（g）	抓绒后体重（kg）	绒厚度（cm）	细度（μm）
成年公羊	-	≥1 400	≥55	≥11	≤16.50
成年母羊	180%	≥1 200	≥40	≥11	≤16.00
周岁公羊	-	≥1 100	≥40	≥10	≤15.50
周岁母羊	-	≥1 000	≥35	≥10	≤15.00

6.2 特级

一级中的优秀个体，凡符合下列条件之一者为特级。繁殖率≥200%；抓绒后体重超过10%；产绒量超过20%；绒厚度超过10%。

6.3 二级

体型外貌符合品种要求，符合附表2.2中各项指标的为二级。

附表2.2 二级羊产绒性能和体重下限指标

羊别	繁殖率	产绒量（g）	抓绒后体重（kg）	绒厚度（cm）	细度（μm）
成年公羊	–	≥1 200	≥50	≥10	≤16.50
成年母羊	160%	≥1 000	≥35	≥10	≤16.00
周岁公羊	–	≥900	≥35	≥9	≤15.50
周岁母羊	–	≥800	≥30	≥9	≤15.00

6.4 等外

凡不符合一、二等级条件者。

附录 2A（规范性附录）
成年公羊

成年公羊见附图 2A.1。

附图 2A.1　成年公羊

附录 2B（规范性附录）
周岁公羊

周岁公羊见附图 2B.1。

附图 2B.1　周岁公羊

附录 2C（规范性附录）
成年母羊

成年母羊见附图 2C.1。

附图 2C.1 成年母羊

附录 2D（规范性附录）
周岁母羊

周岁母羊见附图 2D.1。

附图 2D.1 周岁母羊

ICS 59.060.10

W 21

DB15

内 蒙 古 自 治 区 地 方 标 准

DB15/ 1100—2017

超级（超细超长）山羊原绒

Super fineness and length raw cashmere

2017 – 01 – 05 发布　　　　　　　　2017 – 04 – 05 实施

内蒙古自治区质量技术监督局　　发布

前　言

本标准根据 GB/T 1.1—2009 给出的规则起草。

本标准由内蒙古自治区农牧业科学院提出。

本标准由内蒙古自治区纤维标准化技术委员会归口。

本标准起草单位：内蒙古自治区农牧业科学院、鄂托克前旗北极神绒牧业研究所、内蒙古自治区纤维检验局、阿拉善盟畜牧研究所。

本标准主要起草人：刘斌、李玉荣、赵存发、马跃军、郝巴雅斯胡良、高娃、勿都巴拉、吴海青、郭俊、何云梅、吴铁成、徐绚绚、乌日格希拉图、辛雷勇、周俊文。

超级（超细超长）山羊原绒

1　范　围

本标准规定了超细超长山羊原绒定型分等方法、技术要求、试验方法、检验规则等。

本标准适用于超细超长山羊原绒生产、交易、加工、质量监督和进出口检验中的质量鉴定。

2　规范性引用文件

下列文件对于本文件的应用是必不可少的。凡是注日期的引用文件，仅所注日期的版本适用于本文件。凡是不注日期的引用文件，其最新版本（包括所有的修改单）适用于本文件。

GB 18267　山羊绒

3　术语和定义

3.1　超细超长山羊原绒　Super fineness and length raw cashmere

超细超长型绒山羊所产的山羊原绒。

4　仪器和工具

4.1　细度仪器

毛绒纤维直径试验方法　光学纤维投影仪法、赛罗兰（Sirolan）激光扫描纤维直径分析仪法、OFDA 影象分析法、气流仪法。

4.2　长度工具

钢尺（量程在 20cm 以上，分度值 0.5mm）。

5 产品及技术要求

5.1 产品

超细超长山羊原绒主要指白绒，绒纤维和毛纤维均为自然白色，目前还没有生产出其他颜色的超细超长山羊原绒。

5.2 超细超长山羊原绒技术要求

5.2.1 超细超长原绒型号等级技术要求（附表3-1）

附表3-1 超细超长山羊原绒和山羊原绒等级技术要求

型号	平均直径 μm	等级	绒厚 mm	原绒伸直长度 mm
超细型	≤13.99μm	一	≥75	≥90
		二	≥65	≥80
		三	≥55	≥70
特细型	14.00～15.00μm	一	≥75	≥90
		二	≥65	≥80
		三	≥55	≥70
细型	15.00～16.00μm	一	≥75	≥90
		二	≥65	≥80
		三	≥55	≥70

5.2.2 表1中平均直径、绒厚、伸直长度三项为考核指标

5.2.3 超细超长山羊原绒回潮率不得大于14%

6 试验方法

6.1 采样方法

在羊只肩胛后一掌体侧中线稍上处紧贴皮肤剪下5cm×5cm面积的绒毛样，毛茬要求整齐，尽可能保持绒毛的长度、弯曲及毛丛的原状。并在保持绒的整齐度的情况下，手工抖去部分杂质和粗毛。所采样品用毛样袋包装，

并注明采样地点、采样人、羊耳标号、性别、年龄等信息。

6.2　实验室样品制备

在保持毛绒样品整齐度的情况下，手工挑除全部粗毛和抖去全部杂质之后的无毛绒样品要求整齐，尽可能保持绒的长度、弯曲及绒丛的原状。

6.2.1　绒厚测定

在羊只肩胛后一掌体侧中线稍上处，在不受任何外力的自然状态下，用钢尺测量从绒层底端到顶端集中部位的直线距离。

6.2.2　原绒伸直长度测定

将山羊绒纤维的自然弯曲全部拉直，但未伸长，在此状态下测量的山羊绒长度，按照相应《山羊绒伸直长度测定方法》测定。

7　超细超长山羊原绒包装、标志、储存、运输

采用 GB 18267《山羊绒》标准的有关规定进行。

附录 3A
（规范性附录）
超细超长山羊原绒标准样品

附图 3A.1 超细超长山羊原绒样品（含粗毛）

附图 3A.2 普通山羊原绒样品（含粗毛）

ICS 59.060.01

W 20

DB15

内 蒙 古 自 治 区 地 方 标 准
DB15／1101—2017

山羊绒伸直长度测定方法
Method for determination of
straighted length of cashmere

2017 － 01 － 05 发布　　　　　　2017 － 04 － 05 实施

内蒙古自治区质量技术监督局　　发布

前　言

本标准根据 GB/T 1.1—2009 给出的规则起草。

本标准由内蒙古自治区农牧业科学院提出。

本标准由内蒙古自治区标准化技术委员会归口。

本标准起草单位：内蒙古自治区农牧业科学院、内蒙古自治区纤维检验局、鄂托克旗家畜改良工作站。

本标准主要起草人：勿都巴拉、刘斌、李玉荣、赵存发、吴海青、马跃军、郭俊、徐绚绚、高娃、吴铁成、何云梅、赵霞。

山羊绒伸直长度测定方法

1　范　　围

本标准规定了山羊绒样品的采集、伸直长度测定方法及计算公式。

本标准适用于山羊绒的伸直长度测定。

2　规范性引用文件

下列文件对于本文件的应用是必不可少的。凡是注日期的引用文件，仅所注日期的版本适用于本文件。凡是不注日期的引用文件，其最新版本（包括所有的修改单）适用于本文件。

GB／T 18267　山羊绒

GB／T 8170　数值修约规则与极限数值的表示和判定

3　术语和定义

下列术语和定义适用于本文件。

3.1　山羊绒伸直长度　straighted length of cashmere

给一定的外力使山羊绒自然弯曲全部伸直但未伸长状态下测量的长度。

4　采样部位

体侧部：肩胛骨后缘10cm，体侧中线稍偏上处。

5　用　　具

绒板（黑色）。

玻璃板（长、宽均20cm，厚度0.3cm，重量300 g）。

钢板尺（分度值0.5mm）。

镊子。

笔（铅笔或者 0.5mm 中性笔）。

山羊绒伸直长度分组记录表。

6 山羊绒伸直长度测定方法

6.1 样品采集方法

在绒山羊体侧部用剪刀贴近皮肤处剪下 $5×5cm^2$ 面积的绒毛样，毛茬要求整齐，尽可能保持绒毛的长度、弯曲及毛丛的原状。并在保持绒的整齐度的情况下，手工抖去杂质和粗毛。所采毛样用毛样袋包装，并注明采样地点、采样人、羊耳标号、性别、年龄等信息。

6.2 实验室样品制备

先将绒毛样进行整理，长于绒的粗毛去掉，反复整理，使其成为一端平齐、纤维自然平直的绒束，再将整齐的绒束用玻璃板压在黑色绒布板上，压置时玻璃板边缘与绒束根部整齐一端应平齐，整齐端向外约 2mm，然后钢尺顶到与绒束平齐的玻璃板边缘，并直线放置，见附录 A。

6.3 山羊绒伸直长度试验

用镊子揪出单根绒纤维，轻轻拉直，用毛量尺的方法测定纤维弯曲全部伸直状态下的长度，并记录在相对应的长度表格里，测量值按 GB/T 8170《数值修约规则与极限数值的表示和判定》进行修约至整数，两型毛不计入记录。

样品测定根数确定：变异系数小于 25% 时测定 100 根，变异系数大于30% 时测定 400 根。计算结果按 GB/T 8170《数值修约规则与极限数值的表示和判定》进行修约至一位小数，单位为 mm。

7 山羊绒伸直长度计算公式

山羊绒伸直长度、标准差、变异系数分别按式（1）、式（2）、式（3）计算。

$$\bar{L} = \frac{\sum_{i=1}^{n} L_i}{n} \tag{1}$$

$$S = \sqrt{\frac{\sum_{i=1}^{n} (L_i - \bar{L})^2}{n-1}} \tag{2}$$

$$CV = \frac{S}{\bar{L}} \times 100 \tag{3}$$

式中：

$\bar{L}$ ——山羊绒平均伸直长度，单位为 mm；

n ——绒纤维的测定根数；

L_i ——第 i 根绒纤维伸直长度，单位为 mm；

S ——绒纤维伸直长度的标准差，单位为 mm；

CV ——伸直长度的变异系数,%。

附录 4A
（资料性附录）
山羊绒伸直长度测定实验截面图

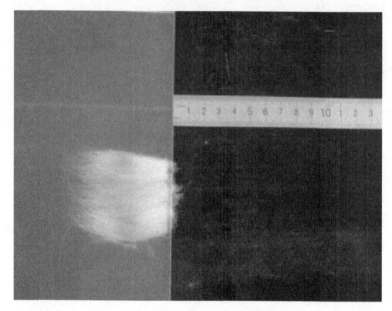

附图 4A.1 山羊绒伸直长度测定实验截面图

附录4B
（资料性附录）
测定根数确定实验

B.1 测定根数计算公式

按式（B.1）计算测定根数的变异系数，式（B.2）计算测定根数。

$$CV = \frac{S}{\bar{L}} \times 100 \quad\cdots\cdots\cdots\cdots\cdots\cdots\quad (B.1)$$

$$n = t^2 \times cv^2 / e^2 \quad\cdots\cdots\cdots\cdots\cdots\cdots\quad (B.2)$$

式中：

CV —伸直长度变异系数,%；

S —伸直长度标准差，单位为 mm；

$\bar{L}$ 平均伸直长度，单位为 mm；

n —样品测定根数；

t —概率度为 95%时的值，一般为 1.96；

e —允许误差 0.05。

以鄂尔多斯鄂托克旗内蒙古亿维白绒山羊种羊场超细超长核心群羊绒样品和伊金霍洛旗敏盖绒山羊羊绒样品进行验证实验。利用以上公式计算测定 50 根、100 根、150 根、200 根、250 根、300 根、350 根的平均长度、标准差和变异系数，计算羊绒的伸长率。

附表 4B.1　鄂托克旗亿维白绒山羊种羊场羊绒伸直
长度测定实验部分数据

耳号	根数	伸直长度 （mm）	变异系数 （%）	绒厚度 （mm）	伸长率 （%）
304289	50	98.0±12.6	12.9	80	26
	100	100.5±12.5	12.4		
	150	101.0±12.5	12.4		
	200	100.5±12.3	12.2		
	250	100.2±11.4	11.4		
	300	100.0±11.4	11.4		
	350	99.0±11.4	11.5		
403306	50	89.0±14.6	16.4	70	28
	100	89.5±12.9	14.4		
	150	92.0±13.3	14.5		
	200	91.3±12.7	13.9		
	250	91.0±12.5	13.7		
	300	91.2±12.8	14.1		
	350	91.0±12.8	14.1		
401078	50	65.0±13.7	21.1	45	47
	100	66.0±13.3	20.1		
	150	64.0±12.3	19.3		
	200	64.5±11.9	18.4		
	250	64.0±11.3	17.7		
	300	64.0±11.3	17.7		
	350	64.3±11.5	17.9		
402268	50	94.0±12.1	12.9	65	48
	100	96.0±10.3	10.7		
	150	95.3±9.9	10.4		
	200	95.8±9.2	9.6		
	250	95.8±9.0	9.4		
	300	95.8±8.8	9.2		
	350	95.9±8.9	9.3		

（续表）

耳号	根数	伸直长度（mm）	变异系数（%）	绒厚度（mm）	伸长率（%）
409150	50	89.0±10.6	11.9	65	32
	100	85.5±10.8	12.6		
	150	86.3±11.1	12.9		
	200	85.8±10.5	12.2		
	250	85.4±11.0	12.9		
	300	85.0±11.1	13.0		
	350	85.2±11.5	13.4		

附表 4B.2 伊金霍洛旗敏盖绒山羊羊绒（麦穗绒）伸直长度测定实验部分数据

耳号	根数	伸直长度（mm）	变异系数（%）	绒厚度（mm）	伸长率（%）
B2186	50	124.0±13.7	11.0	80	57
	100	125.5±12.5	10.0		
	150	125.0±12.2	9.8		
	200	124.6±12.6	10.1		
	250	125.6±12.8	10.2		
	300	124.8±13.0	10.4		
	350	125.4±12.7	10.1		
1022	50	151.0±11.5	7.6	100	50
	100	150.0±13.5	9.0		
	150	152.1±12.8	8.4		
	200	149.5±13.4	8.9		
	250	151.4±13.6	8.9		
	300	151.7±13.2	8.7		
	350	152.4±12.5	8.2		

（续表）

耳号	根数	伸直长度（mm）	变异系数（%）	绒厚度（mm）	伸长率（%）
20134588	50	129.0±14.6	11.3	85	51
	100	128.2±12.1	9.4		
	150	130.2±15.6	12.0		
	200	129.6±13.5	10.4		
	250	129.7±13.8	10.6		
	300	130.1±14.2	10.9		
	350	129.5±13.9	10.7		
18471	50	150.0±9.0	6.0	100	51
	100	150.5±8.7	5.8		
	150	151.2±9.5	6.3		
	200	151.2±9.5	6.3		
	250	150.7±9.1	6.0		
	300	152.0±10.1	6.6		
	350	151.2±9.3	6.2		
097#♂	50	168.3±12.2	7.2	100	67
	100	167.0±11.2	6.7		
	150	166.9±11.6	7.0		
	200	167.1±12.2	7.3		
	250	166.5±11.9	7.1		
	300	166.0±11.4	6.9		
	350	166.8±11.6	7.0		

B.2 实验验证结论

普通羊绒伸长率为25%~48%，麦穗绒伸长率为50%~67%。

附录5 内蒙古主要白绒山羊种 羊场及育种公司简介

1 内蒙古亿维白绒山羊有限责任公司简介

内蒙古从 1983 年在鄂托克旗建立育种场—内蒙古白绒山羊种羊场，组织育种羊群，建立了以个体鉴定、生产性能测定资料为主，参考祖代及后裔测定成绩，提高产绒量为中心的选配原则，进行有组织、有计划的本品种选育。1991 年列入国家及自治区"八五"攻关《白绒山羊优质高产新品系选育》和《鄂尔多斯高原沙质灌木草地绒山羊系统优化生产技术》《内蒙古不同类型绒山羊选育》课题，1995 年列入国家及自治区九五"攻关《白绒山羊选育与开发》《内蒙古白绒山羊不同类群培育及建立繁育体系研究》课题，2000 年列入国家"十五"攻关《绒山羊种质资源利用及舍饲半舍饲养殖技术研究》课题，经过多年的本品种选育，产绒量及生产性能指标明显提高。据内蒙古白绒山羊种羊场建场时成年公羊平均产绒量 365.19g，成年母羊 270.28g，绒纤维长公母分别为 5.42cm、4.28cm，细度 14.5um，净绒率 65%；现在内蒙古白绒山羊种羊场成年公羊平均产绒量 980.58g，最高个体产绒量 1 980g，绒自然长度 7.55cm，绒细度 14.95μm，成年母羊平均产绒量 732.38g，最高个体产绒量 1 600 g，绒自然长度 6.15cm，绒细度 14.58μm，净绒率 65.76%；2002 年该场饲养的种羊及绒产品被内蒙古自治区命名为"名牌农畜产品"。现面向社会出售优质种羊，并欢迎有志于阿尔巴斯绒山羊种业产业研究和开发的专家团队和科研院及企事业单位合作共赢。

地　　址：内蒙古鄂尔多斯市鄂托克旗乌兰镇

联系人：刘少卿

电　　话：13947377140

邮　箱：13947377140@163.com

2　阿拉善白绒山羊种羊场简介

阿拉善白绒山羊是世界公认的最优秀的绒山羊，是列入《国家级畜禽遗传资源保护名录》的138个畜禽品种资源之一（见"农业部公告第662号"），属于珍贵的品种资源，也是阿拉善盟的优势畜种和地方良种，为了打造和提高阿拉善这一优势品牌，更好的发挥其优良性状，提高全盟绒山羊本品种选育水平，1989年成立了阿拉善白绒山羊种羊场。阿拉善白绒山羊种羊场位于阿拉善白绒山羊中心产区—阿左旗吉兰泰镇德日图嘎查境内，平均气温为7~9℃，无霜期120~150d，天旱少雨，缺乏地下水源，年降水量80~120mm，蒸发量为降水量的10~33倍，相对湿度为35%左右，冬季积雪不厚，一般不会造成重灾。主要建群植物有棉刺、珍珠、红砂、冬青、梭梭、柠条、沙竹、针茅、冷蒿等，大多适宜于白绒山羊采食。拥有全封闭式荒漠、半荒漠草场11.8万亩，是保种和育种的物质基础。2008年7月农业部第1058号公告，阿拉善白绒山羊种羊场被确定为国家级保种场。截止2014年，该场属于公益性质的全额事业单位，是内蒙古自治区牲畜"种子工程"的重点建设单位，也是阿拉善盟唯一一家生产培育绒山羊种羊基地。自种羊场成立以来，始终把生产培养优质高产种羊作为中心任务，以坚持本品种选育，利用人工授精及胚胎移植等先进技术，不断提高选育进程，使其生产性能及品质大幅度提高。具备年生产培育优质种羊500余只的规模，培育超细超长型阿拉善白绒山羊主要育种机构，共向社会提供了优质种公3万余只，改良配种达60万只（次）。先后承担和完成了国家及自治区"八五"至"十二五"重大科技攻关项目的研究任务和国家农牧业建设项目任务，取得了很好的成绩，1998年12月国家农业科学技术工作中，获得部级科学技术三等奖；2003年获"内蒙古白绒山羊优质高产群培育及建立繁育体系研究"一等奖，并获意大利白绒山羊柴格那大奖；2005年获农业部"农牧渔业丰收"三等奖。在阿拉善盟白绒山羊良种繁育体系建设，振兴地方经济，促进农牧民增收，保护我国优质种质资源做出了突出贡献。

2013年10月，内蒙古蒙绒实业股份有限公司在阿拉善注册成立，同年与阿拉善政府达成协议将阿拉善白绒山羊种羊场整合到企业，建立育繁推一体化的现代绒山羊育种企业，聘请专业化管理技术团队，对种羊场科学管理，开展阿拉善超细超长绒山羊品种（系）培育及高端绒肉产品的开发。

保种场现有办公及工作场所（包括实验室）圈舍 8 处；饲草料库 7 处，车库与库房一处。2014 年蒙绒公司与阿拉善政府棚圈建设项目结合，共同投资新建设多功能棚圈 7 处，并在每个牧点配备了多用途种羊饲喂槽。2017 年蒙绒公司投资对工作场所、配种室等基础设进行改造升级，新建了会议室、展览室、种羊场鉴定实验室、兽医室、胚胎移植室、配种室等，同时对每个牧点抓绒室进行了地面铺砖硬化。成功打水机井 4 口，基本解决了种羊场用水，道路交通畅通。因此，蒙绒公司及阿拉善盟各级部门对种羊场各项基础设施的投资建设，基本改变了阿拉善种羊场基础设施陈旧落后的问题，明显提升了国家级种羊场的可持续发展和科研及种羊生产性能，缩小了与区内外兄弟种羊场存在的差距，对适应现今的科学化饲养管理和技术力量的施展具有积极意义。下一步公司要积极协调阿拉善盟政府有关部门，加快推进用电和围栏建设，同时引进更多的科研院所、科技部门及业务主管部门的项目合作和资金投入，共同推进阿拉善超细超长绒山羊育种及产业化开发。

超细绒山羊种羊培育及推广：阿拉善白绒山羊种羊场通过超细育种核心群的组建、亲缘选配技术，人工授精、MOET 育种计划集成、信息化育种生产管理等技术的集成应用，近年来培育 14μm 以下特级种公羊达到 378 只、14~14.5μm 一级种公羊达到 424 只、14.5~15μm 二级种公羊达到 200 余只。现面向社会出售优质种羊，并欢迎有志于阿拉善超细超长绒山羊种业产业研究和开发的专家团队和科研院及企事业单位合作共赢。

地　　址：内蒙古阿拉善左旗吉兰泰镇德日图嘎查

联系人：王风之

电　　话：13948719939

邮　　箱：wfz1396@126.com

3　鄂尔多斯市立新实业有限公司简介

鄂尔多斯市立新实业有限公司以羊绒、绒山羊为主业，公司"鄂尔多斯伊金霍洛旗敏盖白绒山羊级特色科技产业化基地"是 2013 年自治区科技厅认定的科技创新平台载体，是"国家畜禽标准化养殖示范场"，国家公益性行业（农业）科研专项"西北地区荒漠草原绒山羊高效生态养殖技术研究与示范"科研示范基地、"内蒙古农业大学教学实践基地""鄂尔多斯市科普示范基地""鄂尔多斯市环境学院博士工作点"，鄂尔多斯羊绒集团"1436"工程种源绒源基地。基地建设研究室、办公室、兽医室、配种室、实验室、档案室等共计 1 100m²；核心种羊场（育种中心），总占地 23 800m²，绒山羊舍饲养殖标准化棚圈 5 600m²，饲草料库 1 650m²，青储窖 500m³，存栏"两高一优"型绒山羊核心种羊 1 100 只。

公司培育的敏盖白绒山羊是目前内蒙古唯一能适应全舍饲圈养的绒山羊种群，与其他绒山羊相比具有"两高一优"既产绒量高、产羔率高、肉质优的种群优势，具有很高的市场竞争力和品牌知名度，其产绒、产肉性能达到全国领先水平。2007 年 11 月 17 日，时任总书记胡锦涛同志亲临基地视察，并给予了高度评价，总书记说："你们积极响应国家号召，改放养为圈养，即保护了生态，又发展了生产，增加了收入，走上了致富道路，为建设社会主义新农村、新牧区带了好头！"

打造农业现代化和绒山羊规模化舍饲养殖示范基地，形成"饲草料种植—饲料科学配方—饲料加工成粒—自动化饲喂—科学繁育—育肥出栏—粪便还田"的绒肉型山羊高效、生态、可持续生产体系，转变绒山羊放牧养殖的传统，将绒山羊养殖从过去的传统粗放、放牧转为高效率、低成本、可持续的舍饲养殖，从根本上解决草畜矛盾，利于保护生态环境，为我国北方生态安全作出贡献，为全国羊绒、绒山羊可持续发展走出了一条新路。

公司通过育种中心与养殖户开展联合育种，帮助农牧民种羊建档立卡、人工配种、种质材料供应、选种选配、种羊销售等，带领养殖户提高绒山羊综合生产性能，培育优良品种。2016 年公司在 2 400 只绒山羊全舍饲养殖场建设的基础上组织开展"两高一优"绒山羊新品种培育工作，利用常规育种技术（如选种选配、人工授精和品系繁育技术）的基础上，重点采用 MOET 育种技术和遗传标记辅助育种技术，并结合动物 BLUP 法估计绒山羊育种值，开展绒山羊"两高一优"新品种的建立和配套技术研究。同时制订"两高一优"白绒山羊生产管理技术规程和繁育技术规程。现面向社会出售优质种羊，并欢迎有志于敏盖绒山羊种业产业研究和开发的专家团队和科研院及企事业单位合作共赢。

地　　址：内蒙古鄂尔多斯市伊金霍洛旗苏布尔嘎镇

联系人：闫新刚

电　　话：13848373839

邮　　箱：lixindiannao@126.com

附录6 规模化羊场各项管理制度

1 规模化羊场防疫管理制度

1.1 免疫制度

遵守《动物防疫法》，按上级兽医主管部门的统一布置和要求，严格按场内制定的免疫程序做好其他疫病的免疫接种工作，严格免疫操作规程，确保免疫质量。

遵守国家关于生物安全方面的规定，使用来自于合法渠道的合法疫苗产品，不使用实验产品或中试产品。

在上级动物疫病预防控制中心的指导下，根据本场实际，制定科学合理的免疫程序，并严格遵守。

建立疫苗出入库制度，严格按照要求贮运疫苗，确保疫苗的有效性。

废弃疫苗按照国家规定无害化处理，不乱丢乱弃疫苗及疫苗包袋物。

遵守操作规程、免疫程序接种疫苗并严格消毒，防止带毒或交叉感染

疫苗接种后，并详细记入免疫档案。

免疫接种人员按国家规定作好个人防护。

定期对主要病种进行免疫效价监测，及时改进免疫计划，完善免疫程序，使本场的免疫工作更科学更实效。

1.2 疫情报告制度

1.2.1 义务报告人

当怀疑发生传染病时防疫员立即向当地动物卫生监督站等机构报告。

1.2.2 临时性措施

将可疑传染病病畜隔离，派人专管和看护。

对病畜停留过的地方和污染的环境、用具进行消毒。

病畜死亡后，应将其尸体完整地保存待及时诊断。

在法定疫病认定人到来之前，不得随意急宰，病畜的皮、肉、内脏未经官方兽医检查不许食用。

发生可疑需要封锁的传染病时，及时封锁，限制人员流动。

1.2.3 报告内容

发病的时间和地点。

发病动物种类和数量、同群动物数量、免疫情况、死亡数量、临床症状、病理变化、诊断情况。

已采取的控制措施。

疫情报告的单位、负责人、报告人及联系方式。

报告方式：书面报告或电话报告，紧急情况时应电话报告。

1.3 消毒制度

养殖场大门和圈舍门前必须设消毒池，并保证有效的消毒液；病畜隔离舍。

养殖场定期不定期进行清扫、冲洗、光照和使用化学药品等多种方法相结合进行消毒。

选择高效低毒、人畜无害的消毒药品，消毒药品应根据消毒目的、对象选择贮备，对环境、生态及动物有危害的药品不得选择。

圈舍每天清扫 1~2 次，周围环境每周清扫 1 次，及时清理污物、粪便、剩余饲料等物品，保持圈舍、场地、用具及圈舍周围环境的清洁卫生，对清理的污物、粪便、垫草及饲料残留物应通过生物发酵、焚烧、深埋等进行无害化处理。

定期进行消毒灭源工作，一般圈舍和用具 1 周消毒 1 次，周围环境 1 月消毒 1 次。发病期间做到 1 天 1 次消毒。疾病发生后进行彻底消毒。

1.4 交易登记制度

羊场出售种羊或购入羊只必须到当地动物卫生监督所（站）进行产地检疫，并对运输车辆进行消毒和领取产地检疫证后方可运输。

商品羊需要屠宰上市的，必须按要求到定点屠宰点检疫，并领取屠宰检疫证明方可上市。

本场购进或销售的羊只及其产品要进行比较精确的登记，做到管理人员、财务人员、饲养员三对口。

饲料或原料、药品、疫苗等物质，要及时入库，仓库保管员要认真清点，做好登记，分类存放。

1.5　人员、车辆出入场部管理制度

所有与饲养、动物疫病诊疗及监管无关的人员一律不得进入生产区。确因工作需要进出生产区的，需经养殖场负责人批准并严格消毒后方能进入。

进出生产区的饲养员、兽医技术人员及防疫监督人员等都必须依照消毒制度和规范，进行严格消毒后方可进出。

场内兽医不得随意外出诊治动物疫病。特殊情况需要对外进行技术援助支持的，必须经本场负责人批准，并经严格消毒后才能进出。

各养殖点及饲养人员不得随意串舍，不得交叉使用圈舍的用具及设备。

任何人不得将本场之外的动物及动物产品等带入场内。

按规定做好本场人员进出消毒记录。

1.6　实施普防普治程序——预防为主，防重于治

"三联四防"疫苗注射时间为每年 3 月 20 日。

"口蹄疫"疫苗注射时间为每年 3 月 20 日，12 月 20 日各 1 次。

"羊痘"疫苗注射时间为每年 12 月 30 日。

每年 4 月 1 日、9 月 25 日左右进行驱虫。

每年 8 月 1 日、9 月 10 日左右进行药浴。

1.7　无害化处理制度

当养殖场的羊发生疫病死亡时，必须坚持"五不处理"原则，即：不宰杀、不贩运、不买卖、不丢弃、不食用，进行彻底的无害化处理。

养殖场根据养殖规模在场内下风口修一个无害化处理化尸池。

当养殖场发生重大动物疫情时，除对病死羊进行无害化处理外，还应根据防疫主管部门决定，对同群或染疫的羊进行扑杀和无害化处理。

当养殖场的羊发生传染病时，一律不允许交易、贩运，就地进行隔离观察和治疗。

无害化处理过程必须在驻场兽医和当地动物卫生监督机构的监督下进行，并认真对无害化处理羊的数量、死因、体重及处理方法、时间等进行详细的记录、记载。

无害化处理完后，必须彻底对其圈舍、用具、道路等进行消毒，防止病原传播。

在无害化处理过程中及疫病流行期间要注意个人防护，防止人畜共患病

传染给人。

2 规模化羊场兽药用药制度

为了规范使用兽药、器械及生物药品的采购保管、使用，减少药物流失和浪费，特制定本制度。

兽药管理人员在新购药品、器械时，依据发票查清件数，根据兽药保管要求分类存放。如有近期过期药品及时通知兽医技术人员，过期药品报财务注销。

建立用药申报制度：兽医技术人员报兽药主管审批取药，常规药品由兽医技术人员做计划、采购。专项疫苗、贵重药品、特殊药械等报场主要负责人安排采购，如不能采购，必须在3d内反馈给羊场技术管理人员说明情况。药械由专人负责采购，如特殊情况必须经种羊场主要负责人批准，任何个人不得私自采购。

领取生物药品，如疫苗、血清、类毒素等需要低温保存的药品必须用保温箱装取，否则兽药主管不予领给。

对一些特殊药品、疫苗空瓶或受污染物品、场地，查清数量，依据要求派专人销毁和无害化处理。

兽医、防疫员对每一批新药、新疫苗，用前要做小范围试验，并向生产技术管理部书面上报试验结果，无异常方可大范围使用。对每次防疫一定做好以下记录：疫苗名称、生产厂家、批准文号、使用羊只的阶段、头数、反应情况等，出现异常及时停止使用，如玩忽职守，造成损失由使用者负责。

兽药的使用依照《种羊场生产技术规范》标准执行。

严禁使用国家禁用药品，严格执行允许使用药品休药期，由兽医技术人员负责落实，如造成危害，由场长和主管兽医人员负责解释并承担责任。

以上各项必须严格执行。

3 规模化羊场饲料及饲料添加剂采购使用管理制度

种羊场的饲料须来自正规生产企业，建立完善的领、用料制度。

饲用饲料配方应通过当地检验检疫机构的审核认可。饲料品质一定要求卫生，细菌总数、大肠杆菌、沙门氏菌、重金属、特定病原菌等安全卫生指标合格。

饲料中不能加入激素、违禁药，不能饲喂促生长剂。

　　种羊场对所用饲料进行监测与管理，对饲料原料进行农残（六六六、DDT）和重金属（镉、铅、汞、砷）污染情况的监测。

　　种羊场的配合饲料或预混料必须来源于国家主管部门批准的饲料厂。批准的饲料厂必须能证明其生产符合国家的相关批准。

　　使用配合饲料时必须向供应商索取每一种原料的说明书，同时保存好饲料添加剂的记录，这些说明书和记录至少要保存两年。

　　饲料添加剂及微量元素应符合农业部《饲料和饲料添加剂管理条例》、国家质量监督检验检疫总局《出口食用动物饲用饲料检验检疫管理办法》等有关规定。

　　饲料中添加的动植物源性成分应符合输入国或地区的有关规定。

　　种羊场对养殖过程中使用的饲料、饲料添加剂、消毒剂和兽药等，必须具有生产单位的检验和企业抽检的检验合格报告单。

　　饲料的生产、加工及运输过程中应避免交叉感染。

　　饲料的贮存应防霉、防潮，通风良好，并设有防火、防盗、防鼠及防鸟设施。

　　饲料的发放应按照"先进先出"的原则，并做好出库记录，严禁将过期、变质的饲料发放使用。

4　规模化羊场档案资料管理制度

　　种羊技术资料档案由专职人员管理。

　　在登记纸质档案的基础上，输入电脑实施数字化管理。

　　各单位或个人不得长期占有技术资料，需要时可借用。

　　凡借阅技术资料的必须进行登记，并按时归还。

　　档案保管人员应对收集到的一切资料，进行分类整理，做到有利于保管、检索、利用、严防丢失、损坏、虫咬和受潮。

　　育种档案资料要科学管理，方便利用。

　　种羊场技术资料包括：种羊的品种、耳标、配种记录、产羔记录、流产及死胎记录、抓绒记录、体重记录等生产性能测定资料；引入品种来源和进出场日期；饲料、饲料添加剂等投入品和兽药的来源、名称、使用对象、时间和用量等；检疫、免疫、监测、消毒资料等；畜禽发病、诊疗、死亡和无害化处理资料等。

5 规模化羊场配种制度

严格按照既定选配方案实施配种。

配种工作由畜牧技术人员负责完成。

在应用试情公羊测试发情母羊时，应严禁发生偷配现象。

确定发情母羊后，应根据配种方案选择与配公羊进行采精配种。

种公羊采精最好隔天 1 次，每周不超过 4 次。

根据被采精公羊精液活力检查合格者，采用大倍稀释后用于配种。

若主配公羊精液活力不合格，应由后备公羊补上。

发情母羊采用早晚 2 次配种。

在配种后下一情期内若未出现发情现象视为受孕。

配种过程中应做好配种档案记录。

6 规模化羊场休药期制度

休药期是指动物停止用药到屠宰上市的间隔时间。根据某种药物在一定动物体内代谢排出时间而确定的。在此期间动物体内的肌肉、组织或产品中残留的药物就有可能超过允许限量。

在饲料、饮水中添加药物，几种药物同时使用时，"休药期"的计算，应按照其中最长停药期的药物最后一次使用时间为准。

选择使用药物时，在考虑到效果的同时，必须顾及休药期的时限。治疗动物疫病的常用药很多，但他们的停药期各不相同：氟苯尼考（30d），强力霉素（脱氧土霉素、盐酸多西环素）、泰妙菌素、甲砜霉素（28d），盐酸土霉素（26d），北里霉素（7d），磷酸泰乐菌素（5d），林可霉素或维吉尼亚霉素（1d）。如果是商品肉类动物，选用时除考虑其效果、成本外，必须考虑这些药物的停药期时限和商品肉类动物屠宰上市的时间，选择在商品肉类动物屠宰上市前达到休药期要求的那些药物。

附录7 规模化羊场绒山羊饲养管理技术

1 一般管理技术

1.1 羊群的组成和周转

羊群的组成和周转是进行绒山羊生产及育种工作的基础环节。组群的意义在于使羊群的性别、年龄搭配适当，选优去劣，分级分系，为等级选配或品系繁育做基础工作，也便于生产中的管理。羊群的组成按年龄大小分为：羔羊群（羔羊产出后至4月龄前）、育成群（4月龄断奶后至18月龄）、后备群（18月龄—30月龄）、成年群（30月龄以上）；按性别具体分为：育成公羊、育成母羊、后备公羊、后备母羊、成年公羊、成年母羊。年龄较小的羊每70只组成一群，此后逐渐减少，到成年时每60只可组成一群。

羊群的周转一般以每年的9月初至次年的8月末为一个生产年度。从9月初开始，羔羊达到4月龄后开始断奶，分别组成育成公羊和育成母羊群；与此同时，上一年度的育成公、母羊群转为后备公、母羊群；上一年度的后备公、母羊群进入成年公、母羊群。羊只的组群和每一次周转都要进行全面的鉴定。

1.2 剪毛和抓绒

绒山羊的抓绒时间一般在4月上旬至5月上旬，当羊绒的毛根开始松动（俗称"起浮"）时进行。在实践中，通过检查羊的耳根、眼圈四周绒的脱落情况来判定抓绒的时间，因为这些部位绒毛毛根松动较早。绒山羊脱绒的一般规律是：体弱的羊先脱，体况好的羊后脱；成年羊先脱，育成羊后脱；已产羔的母羊先脱，处于妊娠期的母羊后脱；母羊先脱，公羊后脱。

在抓绒前半个月，要做好抓绒计划，培训梳绒人员，检修梳绒工具，清扫和消毒梳绒室，准备好梳绒记录。

抓绒工具是特制的铁梳，分密梳和稀梳两种。密梳通常由12~14根钢丝组成，钢丝相距 0.5～1.0cm，较小；稀梳通常由 7～8 根钢丝组成，钢丝距 2.0～2.5cm。钢丝直径 0.3cm 左右，前端弯曲成钩状，尖端磨尖，以不抓伤羊皮肤为度。

抓绒应选择在较暖和的天气进行，对抓绒羊只最好是头一天空腹或不让其过饱，以防抓绒时引发肠扭转。抓绒时，先将羊的头部及四肢固定好，用铁剪剪去高于绒层的长毛，注意不要损伤绒层。然后用稀梳顺毛沿颈、肩、背、腰、股、腹等部位由上而下抓绒，再用密梳做反方向梳刮。抓绒时，梳子要贴紧皮肤，用力均匀，不能用力过猛，防止抓伤皮肤。第一次抓绒后，过 7d 左右再抓一次，尽可能将绒抓净。

进入夏季后，由于天气炎热，常将羊体表的大毛贴皮肤全部剪下，以防羊只中暑。

1.3　药浴

定期药浴是防治羊体表寄生虫的一个重要的保健环节。常用药品有敌杀死、蝇毒灵、螨净等。一般在专用的药浴池内或大的容器内进行浸浴。浸浴的方式较笨重，费工费药，但药浴效果较彻底。目前，由于各种便携式的手动、电动喷淋设备的普及，无论是各类规模的羊场还是农户，都在应用喷雾法进行药浴，这种方法经济、简捷，便于定期对羊群进行体表寄生虫的防治。

药浴过程中要注意药品的对症应用和浓度的配比。药品应用要对症，浓度配比要按说明准确配制，既要防止过量造成羊只中毒，又要防止因浓度不足而达不到好的防治效果。在进行大批羊只药浴前，要用少量羊只进行试验，确认不会引起中毒时，才能大规模地进行全群药浴。

1.4　编号

羊只的个体编号是绒山羊育种工作中一项不可缺少的技术工作，要求有一定的科学性和系统性，简明，易识别，字迹清晰耐久，不易脱落，便于进行资料的统计、保存和管理。

耳标法是目前最常用的方法，通常用塑料耳标书写或烫印羊只编号，具有易于识别、字迹清晰耐久等优点。一般耳标可编有年号、圈号、个体号。个体号一般用单数代表公羊，双数代表母羊，这样便于进行资料统计和微机管理。

1.5　修蹄

修蹄是绒山羊管理过程中的一个重要保健工作，尤其是长期舍饲的羊只更易发生"铺蹄"，影响羊只行走，重者导致羊只残疾。

修蹄可选在雨后进行，此时蹄壳较软，容易操作。修蹄前，应先保定羊只。修蹄的工具主要有蹄刀、蹄剪。修蹄时应除去蹄下的污泥，再将蹄底削平，剪去过长的蹄壳，将羊蹄底面修成椭圆形。修蹄时要细心，一层一层地往下削，一般削至可见到淡红色的微血管为止。

2　各类羊的饲养管理规程

2.1　种公羊的饲养管理规程

种公羊对羊群的整体生产水平和产绒品质影响较大，养好种公羊是使其优良遗传特性得以充分发挥的关键。

种公羊的饲养应以长年保持结实健壮的体质和中等以上的种用体况为原则，以具有旺盛的性欲、良好的配种能力和良好的精液品质为目标。对其饲养的具体要求是：第一，应保证饲料的多样性，精粗饲料搭配合理，同时注意矿物质、维生素的补充。第二，日粮应保持较高的能量和粗蛋白水平。第三，必须有适度的放牧和运动时间，以提高精子活力，并防止其过肥。

2.1.1　配种期

种公羊在配种期内要消耗大量的养分和体力，因配种任务或采精次数不同，个体之间对营养的需要量相差很大。对配种任务繁重的优秀种公羊，每天应补饲 1.5~3.0kg 的混合精料，并在日粮中增加部分动物性蛋白质饲料（如鸡蛋等），以保持其良好的精液品质。配种期种公羊的饲养管理要做到认真、细致，要经常观察羊的采食、饮水、运动及粪、尿排泄情况；条件允许的情况下还应做其他生理指数的测试；保持饲料、饮水的清洁卫生。

种公羊的采精次数要根据羊的年龄、体况和种用价值来确定。对二岁左右的种公羊每天采精 1~2 次为宜；成年公羊每天可采精 2~3 次，每次采精应有 1~2h 的间隔时间。特殊情况下（种公羊少而发情母羊多），成年公羊可连续采精 3 次。

2.1.2　非配种期

在配种前 1.5~2 个月，应逐渐调整种公羊的日粮，增加混合精料的比例，同时进行采精训练和精液品质的检查。开始时每周采精检查一次，以后增至每周两次，并根据种公羊的体况和精液品质来调节日粮或增加运动。对精液稀薄的种公羊，应增加日粮中蛋白质饲料的比例，当精子活力差时，应加强种公羊的放牧和运动。

配种结束后，种公羊的体况都有不同程度的下降，为使体况很快恢复，在配种刚结束的 1.5~2 个月，种公羊的日粮应与配种期保持一致。然后根据体况的恢复情况，逐渐转为饲喂非配种期的日粮。在冬季，种公羊的饲养要保持较高的营养水平，既有利于体况恢复，又能保证其安全越冬。种公羊饲养标准见附表 7-1。

附表 7-1　种公羊饲养标准

体重（kg）	干物质采食量（kg/d）	代谢能（mkal/d）	可消化粗蛋白（g/d）	钙（g/d）	磷（g/d）	食盐（g/d）
非配种期						
55	1.33	1.70	80	8	4	12
65	1.47	2.11	100	8	4	12
75	1.61	2.55	120	9	5	12
85	1.75	2.97	140	9	5	12
配种期						
55	1.59	3.18	160	9	6	15
65	1.76	3.30	180	9	6	15
75	1.93	3.60	200	10	7	15
85	2.10	3.83	200	10	7	15

2.2　基础母羊的饲养管理规程

基础母羊在任何时期和任何生理阶段，都要有良好的饲养条件和营养状况，是顺利完成配种、怀孕、哺乳及提高生产性能的关键。

2.2.1　空怀期的饲养管理

母羊怀孕期 5 个月，哺乳期 4 个月，空怀期（也就是恢复期）只有 3 个月。在这 3 个月中，使母羊从瘦弱的体况恢复到中等以上的体况，以备下一个配种期，这就需要特别加强饲养管理。一般而言，中等以上体况的母羊在第一个情期的受胎率可达到 80%~85%，而体况差的只有 65%~75%。因此，应注意羔羊适时断奶，尽快使母羊恢复体况。在配种前一个半月，加强繁殖母羊的饲养，主要是选择牧草丰茂且营养丰富的草地放牧，延长放牧时间，使母羊采食到尽可能多的青草，从而使其早日复壮，促进发情，提高受胎率和增加双羔率。

调整羊群的繁殖状况，淘汰老龄和生长发育、哺乳性能不好的母羊，以备育肥出售，从而保证羊群繁殖性能。

2.2.2　妊娠前期的饲养管理

母羊妊娠期的饲养管理对提高其繁殖力和生产力有重要作用。母羊在配种后 17~20d 内不再发情，表明其已受胎妊娠。妊娠母羊不仅要保证自身所需营养，还要保证胎儿所需营养。妊娠的前 3 个月为妊娠前期，妊娠的后 2 个月为妊娠后期。妊娠前期胎儿发育较慢，所增重量仅占羔羊初生重的 10%。此期的饲养任务是维持母羊处于配种时的体况，只要搞好放牧工作即可满足它对营养的需要。妊娠前期母羊对于粗饲料的消化能力较强，应加强放牧。进入枯草季节时，应补饲一定量的优质干草、青贮饲料以及优质蛋白质饲料，来充分满足胎儿生长发育和组织器官分化对营养物质的需要。日粮中精料比例为 5%~10%。

2.2.3　妊娠后期的饲养管理

妊娠后期胎儿生长发育快，约 90% 的体重在妊娠后期形成。例如妊娠第 4 个月，胎儿平均日增重达到 40~50g，在妊娠第 5 个月日增重高达 120~150g，且骨骼已有大量的钙、磷沉积，因而妊娠的最后 1/3 时期，母羊对营养物质的需要增加 40%~60%，对钙、磷的需要增加 1~2 倍。可见对妊娠母羊的饲养应将重点放在妊娠后期。此期的饲养管理对胎儿一生的生长发育和整个生产性能、经济效益的提高均有重要影响。如果妊娠期正值枯草季节，除了补饲干草、青贮料外，还要补饲适量的精料和骨粉。由于妊娠后期胎儿及与妊娠有关的组织器官不断增大，就不宜大量喂给体积大的粗饲料，而应喂给体积较小、营养价值更高的饲料。严禁饲喂发霉、腐败、变质的饲草饲料，不饮冰冻水，以防流产。母羊临产前 1 周左右，不得远牧，以便分娩时能及时回到羊舍，但也不能把临近分娩的母羊整天关在舍内，应做适量的运动。在放牧时，做到慢赶，不打，不惊吓，不跳沟，不走冰滑地和出入圈不拥挤。对于可能产双羔的母羊及初次参加配种的小母羊，要格外加强饲养。

2.2.4 哺乳期的饲养管理

母羊哺乳羔羊时间为 4 个月，分为哺乳前期（产后前 2 个月）和哺乳后期（产后后 2 个月）。母羊补饲重点在哺乳前期。羔羊在出生后 15~20d 内，母乳是其唯一重要的营养物质，为了保证母乳并恢复产后母羊的体况，应保证营养全价。一般来说，在放牧基础上，每天每只母羊补喂多汁饲料 2kg，青干草 0.5~1kg，混合精料 0.3~0.5kg。在哺乳后期，母羊泌乳力下降，加之羔羊已具有采食植物性饲料的能力，因此，羔羊已不再完全依赖母乳。哺乳后期的母羊，主要靠放牧采食，对体力较差者，亦可酌情补饲，有利于其恢复体况。基础母羊各阶段饲养标准见表 7-2 至表 7-4。

附表 7-2 成年母羊的饲养标准（1）

体重 （kg）	干物质采食量 （kg/d）	代谢能 （mkal/d）	可消化粗蛋白 （g/d）	钙 （g/d）	磷 （g/d）	食盐 （g/d）
维持（不掉膘、不增重）						
30	0.93	1.30	43	3	2	10
35	0.99	1.49	50	3	2	10
40	1.06	1.70	60	3	2	10
45	1.13	1.90	70	3	2	10
50	1.20	2.11	80	3	2	10
母羊产绒旺盛期（8~12）						
30	1.11	1.56	52	3.6	2.4	12
35	1.19	1.78	60	3.6	2.4	12
40	1.27	2.03	72	3.6	2.4	12
45	1.36	2.29	84	3.6	2.4	12
50	1.44	2.54	96	3.6	2.4	12
怀孕后期（最后 2 个月）						
30	0.98	1.93	73	6	3	10
35	1.10	2.11	80	6	3	10
40	1.21	1.34	100	6	3	10

（续表）

体重 （kg）	干物质采 食量 （kg/d）	代谢能 （mkal/d）	可消化 粗蛋白 （g/d）	钙 （g/d）	磷 （g/d）	食盐 （g/d）
45	1.33	2.55	110	6	3	10
50	1.43	2.55	110	6	3	10

附表 7-3 初产母羊的饲养标准

体重 （kg）	干物质 采食量 （kg/d）	代谢能 （mkal/d）	可消化 粗蛋白 （g/d）	钙 （g/d）	磷 （g/d）	食盐 （g/d）
初产母羊怀孕后期（最后2个月）						
30	1.08	2.41	91	7.5	3.75	12.5
35	1.21	2.64	100	7.5	3.75	12.5
40	1.33	2.93	125	7.5	3.75	12.5
初产母羊泌乳1kg						
30	1.21	3.25	118	7.5	5.13	16.25
35	1.32	3.71	126	7.5	5.13	16.25
40	1.42	4.24	139	7.5	5.13	16.25
初产母羊泌乳1.5kg						
30	1.38	4.88	149	9.38	6.44	16.25
35	1.48	5.57	158	9.38	6.44	16.25
40	1.59	6.36	171	9.38	6.44	16.25

附表 7-4 成年母羊的饲养标准（2）

体重 （kg）	干物质 采食量 （kg/d）	代谢能 （mkal/d）	可消化 粗蛋白 （g/d）	钙 （g/d）	磷 （g/d）	食盐 （g/d）
泌乳1kg						
30	1.10	2.60	94	6	4.1	13
35	1.20	2.97	101	6	4.1	13
40	1.29	3.39	111	6	4.1	13
45	1.38	3.81	121	6	4.1	13

（续表）

体重 （kg）	干物质 采食量 （kg/d）	代谢能 （mkal/d）	可消化 粗蛋白 （g/d）	钙 （g/d）	磷 （g/d）	食盐 （g/d）
50	1.47	4.23	131	6	4.1	13
泌乳 1.5kg						
30	1.25	3.90	120	7.5	5.15	13
35	1.35	4.45	127	7.5	5.15	13
40	1.44	5.09	137	7.5	5.15	13
45	1.53	5.71	147	7.5	5.15	13
50	1.62	6.35	157	7.5	5.15	13
泌乳 2kg						
30	1.40	5.20	145	9	6.2	13
35	1.50	5.94	152	9	6.2	13
40	1.60	6.78	162	9	6.2	13
45	1.69	7.60	172	9	6.2	13
50	1.78	8.46	182	9	6.2	13

2.3 育成母羊的饲养管理规程

育成羊是经过鉴定选留培育作种羊的后备公、母羊，绒山羊母羔一般在1.5岁（18个月）开始初配，公羔在1.8岁（21个月）开始初配。从离乳后到第一次参加配种，4~18月龄正是生长发育的关键时期。

育成羊是指4月龄断奶后至18月龄这一年龄段的幼龄羊。羔羊断奶后的前4个月，生长发育较快。据统计，平均日增重在90~120g。8月龄以后生长强度逐渐下降，到一岁半时，生长基本结束。因此，在生产中一般将育成羊分为2个时期，即育成前期（4~8月龄）和育成后期（9~18月龄）。

育成前期，生长发育快，瘤胃容积有限且机能不完善，对粗饲料的利用能力较弱。这一阶段饲养的好坏，是影响羊的体格大小、体型和成年后生产性能的重要阶段。育成前期羊的日粮以精料为主，结合放牧或补喂优质干草和青绿多汁饲料，日粮的粗纤维含量以15%~20%为宜。

育成后期，羊的瘤胃消化机能基本完善，可以采食大量牧草和其他粗饲料。此阶段，育成羊可以放牧为主，结合补饲少量的混合料或优质青干草。

育成羊饲养标准见附表7-5。

附表7-5　育成羊的饲养标准

体重 （kg）	干物质 采食量 （kg/d）	代谢能 （mkal/d）	可消化 粗蛋白 （g/d）	钙 （g/d）	磷 （g/d）	食盐 （g/d）
育成小公山羊						
20~25	0.73~0.86	1.49	100	5	3	8
25~27	0.86~0.91	1.70	110	5	3	8
27~30	0.91~0.98	1.90	120	6	4	8
30~35	0.98~1.10	2.11	140	6	4	8
35~40	1.10~1.33	2.55	160	6	4	8
育成小母山羊						
15~20	0.58~0.73	1.28	80	4	2	6
20~22	0.73~0.78	1.49	90	4	2	6
22~25	0.78~0.86	1.59	90	5	3	6
25~27	0.86~0.91	1.70	100	5	3	6
27~35	0.91~1.10	1.90	100	5	3	6

3　防疫规程

制定防疫规程应考虑饲养地区的实际情况和饲养畜禽的品种。在大多数地区饲养内蒙古白绒山羊可参照下列规程开展防疫工作。

3.1　预防接种与检疫

3.1.1　预防接种

羔羊出生后10h内应肌内注射破伤风抗毒素1 500~3 000单位；羔羊7~10日龄时应注射"羊痘鸡胚化弱毒苗"；20~30日龄和7月龄时应各注射一次预防羊快疫、羊猝疽、羊肠毒血症和羔羊痢疾4种疾病的四联苗；对于产羔母羊应在配种前1个月和产羔前1个月各注射一次四联苗；对于公羊，一般在每年的春季和秋季各接种一次。

3.1.2　检疫

在配种的前1个月，对准备参加配种的公羊和母羊进行布氏杆菌检验；

其他传染病的检疫可根据当地流行情况确定。

3.2 驱虫

每年的 4—5 月和 10—11 月应用广谱驱虫药各进行一次体内驱虫。常用药物有丙硫咪唑、丙硫苯咪唑等；在 5—11 月期间可根据实际情况用溴氢菊酯，不定期地进行体表喷浴驱虫。

3.3 消毒

春、秋两季，圈舍、饲槽、水槽和器具应每 10d 消毒一次；夏季，每 7d 消毒一次；冬季每 15d 消毒一次。常用消毒药物有火碱、百毒杀等。

总之，山羊舍饲后一些疾病的发生都与饲养条件密切相关。因此，要高度重视羊群机体状况，采取综合性防治措施，才能使舍饲山羊工作取得良好的效益。

附录8 规模化羊场各种数据记录表格

规模化羊场羔羊初生记录表

羔羊耳号	母羊耳号	出生重/kg	出生日期	同胎羔数	备注

第＿＿页

规模化羊场断乳重记录表

耳号	性别	断乳重/kg	断乳日期	备注

第___页

规模化羊场绒、毛鉴定记录表

耳号	年龄	性别	绒厚	毛长	绒密	鉴定时间	备注

第___页

规模化羊场抓绒记录表

电子耳号	外挂耳号	抓绒量/g	抓绒时间	备注

第__页

规模化羊场配种记录表

配种人员：_____　　　　　　　　　　　　　　　　　第_____页

母羊耳号	第一次配种			第二次配种			耳号	产羔			备注
	公羊耳号	配种日期	输精量 ml	公羊耳号	配种日期	输精量 ml		性别	出生重 kg	出生日期	

种羊个体生产性能鉴定记录表

测定日期：＿＿＿＿＿＿

第＿＿页　　单位：cm、μm、kg、g

电子耳号	外挂耳号	性别	年龄	体高	体长	胸围	毛长	绒厚	绒密	绒长度	绒细度	产绒量	体重	等级	备注

附录9 超细超长山羊原绒检测报告

天津工业大学纺织学院纺织测试中心

Textile Testing Center of Textile
College in Tianjin Polytechnic University

检 验 报 告

共1页第1页

样品名称	阿拉善种羊场白绒山羊原绒混绒		商标	-	等级	-
检验项目	含绒率、纤维长度、纤维细度		规格		-	
委托单位	内蒙古自治区农牧业科学院		邮政编码	010031		
单位地址	内蒙古呼和浩特市玉泉区昭君路22号		电话	0471-5295967		
生产单位	阿拉善白绒山羊种羊场		检验类别	委托		
受检单位	内蒙古自治区农牧业科学院畜牧研究所		样品编号			
抽样地点	实验室		来样方式	送样		
抽样基数	1		收样日期	2017.11.20		
样品数量	1		验迄日期	2017.12.27		
检验依据	按照客户提供条件					

检 验 结 论	1. 含绒率（%）：68
	
	2. 纤维长度（mm）：61.68
	   CV（%）：27.06
	
	3. 纤维细度（um）：13.38
	   CV（%）：15.04
	以下空白
	
	复印报告未重盖红色检验专用章无效					

附 注	测试结果仅对来样负责。					

检验员：李伟   审核：   编制：